大樂文化

大樂文化

大樂文化

競爭力變現

喜馬拉雅最具影響力大腕，告訴你成功不用反人性，
一次把事情做對，就能少奮鬥10年！

任康磊◎著

目次

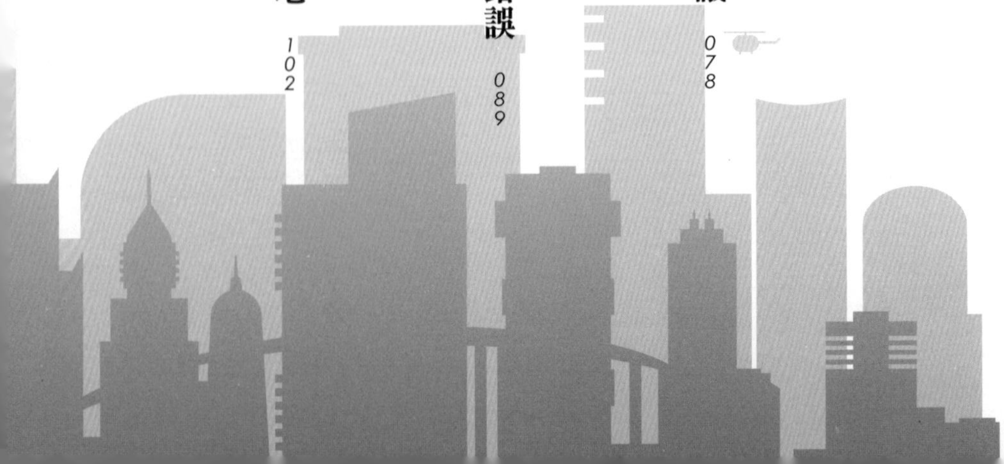

目次

目次

推薦序
不論新人或老手，都能逆勢翻轉的16個法則

圖文作家、人氣 Podcast 主持人　Vito 大叔

俗話說：「條條大路通羅馬」，邁向成功的方式千百種，其中有沒有能夠少奮鬥十年的聰明捷徑呢？

或許是出身在一戶富貴的好人家，可能是嫁娶到一位旺夫旺妻又帶財的好對象。但對於家世平凡、樣貌平庸、能力平常、際遇平淡的我來說，能夠在四十五歲中年失業後逆勢翻轉人生，憑藉的正是作者在本書中彙整出的十六個法則。

最重要的一個起手式，就是強迫自己走出舒適圈，一邊放下過去自以為是的假經驗，一邊從頭開始累積全新的真經驗。因為唯有脫離舒適圈，我們才能體悟過去的自己與現在的自己有何不同。唯有做出改變，才能重新啟動人生，從此蛻變為真正的強

者，展開一場全新的冒險體驗。

在離開安逸的職場後，我決定透過發展個人ＩＰ的方式，經營自己的個人品牌。在過往的人生裡，我大部分的時間都是為別人打工，但這一次，我想為自己好好努力，勇敢實現心中所有的夢想。

第一年，我先解決「有沒有」的問題，透過出版第一本個人著作，成為暢銷書作家。第二年，接著處理「好不好」的問題，開始經營Podcast頻道，當上人氣節目主持人。第三年，繼續挑戰「精不精」的問題，透過不斷練習與分享，變成課程講師和輔導教練。

我把自己想像成一個被緊緊壓縮的彈簧，不斷將心中積蓄的情緒、壓力、痛苦，都轉化為改變現狀的動力，耐心醞釀並等待最佳的反彈時機。接著用盡全力一躍而起，就此脫離生命中的幽暗低谷。這先蹲再跳的過程，花了整整三年多的時間，而一切豐碩成果都是堆疊累積出來的。如同作者所寫：「普通人該如何獲得紅利？持續學習、成長，不斷堅持，一定沒錯。」

過去的我，每天都在不停想著：「我想做成某件事，究竟能不能做成？」

但現在的我，每一刻都在思考：「我要做成某件事，該怎麼才能做到？」

衷心推薦這本《競爭力變現》給每一位想要更好的你。無論是剛踏入社會的新鮮人、在職場上拚搏已久的受薪階級，或是正在勇敢創業的企業家，只要確實執行書中的十六條金科玉律，除了可以讓自己少奮鬥十年，更能讓未來的人生變得更有價值，並且充滿意義。

推薦序

世界從不缺機會，用對方法就少奮鬥10年

職場創作者、科技業產品經理　小人物職場

古人有云：「王侯將相寧有種乎？」

過去那些被稱王侯、拜將相的人，每個人都是天生好命或是有尊貴血統嗎？其實未必。放到現代也是如此，有人因為幸運，生來的起點很高，當然也有人因為不幸，導致起點很低，但起點高的人有可能失敗，起點低的人也有可能成功。

作者用自己的經歷告訴我們，命運是可以有選擇權的，成功和失敗的結果只在於我們選擇時是否用對方法。你可以在這本書中學到關鍵的十六個法則，例如：順序法則、積木法則、不輸法則、燈塔法則、相容法則等。

我在職場上也是從基層做起，從起初月薪兩萬五千元到現在年收入超過三百萬

元，最重要的關鍵是我十多年來會不斷反覆思考自己想要什麼，用輸出反推輸入的方法轉換工作內容，可能是在原公司爭取新挑戰取得機會，也可能是透過轉職拿到想要的結果，這與本書中提到的延伸法則不謀而合。如果能在年輕時讀到這本書，或許就不用花費很多時間才取得目前的成果，不過現在開始也不算太晚吧。

因為工作內容的關係，我需要與他人大量互動和溝通，十多年來觀察了超過上百位曾合作的主管和同事。什麼樣的人能持續成長呢？往往都是那些願意再勉強自己一點點的人。

這裡不是要大家過度努力或是無償付出，而是指那些會讓自己感到有點不舒服的工作內容，它可能不是你熟悉的範圍或是擅長的事情，但你仍然願意接受挑戰，甚至主動挑戰。書中提到的逆風法則也是這樣的方法，你唯有離開舒適圈，才能知道過去的自己與現在的自己有何不同。

儘管書中提出的方法多半是個人經歷的體悟，照著這些方法做也不能保證成功，但如同書中提到的彈簧法則，真實的世界從不缺機會，機會也不會只有一兩次，我們只要持續用書中的方法，鍛鍊自己的思維，總有一天會抓住機會，就如同金鱗只是暫時在池中休憩，一旦遇到機會便可以幻化成龍。

最後祝福正在翻閱這本書的讀者，相信自己是成功的第一步，不同的信念將導致不同的成就，如果想讓人生少奮鬥十年，本書絕對值得閱讀。

前言
看我一路走來的經歷，競爭力變現沒有想像中難

我曾經看到網路上的一段影片，內容是一個四、五歲的孩子滔滔不絕地談論高階物理學。這個孩子掌握的物理學知識及其深度，超過很多理工科學生。看到這段影片的人無不驚嘆，說他是「別人家的孩子」。

我身邊也有這種別人家的孩子。我前同事的小孩剛學會說話不久，就能背誦一大段《三字經》，不到三歲已能背誦十幾首古詩，五歲就學會加減乘除。相較之下，有的孩子五歲時，連一首完整的古詩也背不起來。這種別人家的孩子都是天賦異稟嗎？是他們的父母恰好生出天才兒童嗎？我不知道別人的狀況，但我知道前同事孩子的情況。

我的前同事酷愛文學，家裡藏書像小型圖書館一樣，他本身就是能出口成章、落

筆成文的人。孩子還小時，他每天與孩子玩耍的主題都是詩詞歌賦。孩子大一點後，他特地請家教進行育兒教育。

那個影片中掌握高階物理知識的孩子，不會天才到一生下來就主動學習高階物理。這個孩子的父母至少有一位熟知高階物理，他擁有的知識有很高的機率，是在與父母相處過程中潛移默化習得。

如果只看結果而忽略過程，我們會覺得神奇，以為這些孩子是天才，但看到過程後，會發現並非這些孩子本身是天才，而是其父母採用正確的教育引導方式。人的智商呈常態分布，在沒有使用正確智力開發方法的情況下，智商超高的人不會比普通人強多少。在同樣教育方式下，如果別的孩子也有與天才兒童一樣的經歷，他們也可能成為天才。

方法是最關鍵的，其次才是個體差異。人的成長也是如此，掌握正確的成長方法，運用正確的成長法則，能讓人成為自己想要的樣子。終身學習的概念已經被越來越多人認可，不論是上班、創業，還是發展副業，想要獲得競爭力，學習是必須，成長也是必須。成長需要學習，但學習不一定帶來成長，如果學習的內容不對，或沒有掌握正確的學習方法，仍然無法成長。

我的起點比很多人都低，那時候我沒有資源，也不認識大人物，靠著努力和摸索，才成長為今天的樣子。任何成長都不是偶然，從名不見經傳到成為一個領域的佼佼者，我的成長過程一波三折，踩過的陷阱、掉過的坑很多。

我的圖書策劃人「寫書哥」開始做網路社群後，開設終身成長訓練營，邀請我分享成長經歷。我藉著這次機會回頭省視自己的經歷，發現一路走來跌跌撞撞，做對很多事，也做錯很多事，其中有許多值得總結的法則。

看看周圍的人，不論是成年人還是兒童，因為成長方法不同，每個人的成長速度也不同。很多人有成長的願望，但沒有掌握成長法則，甚至使用一些錯誤的方法，結果很難達到預期。方法對了，事半功倍；方法不對，努力白費。

我結合自己的成長過程與許多人的真實案例，總結出十六個法則，構成本書的主要內容。遵循這些法則，個體得以高效成長、實現目標，擁有更大的價值。期盼本書能幫助讀者學以致用，有更好的發展。若本書有不足之處，歡迎讀者批評、指正。

第 1 章

起點無法決定強弱，開低要怎麼走高？

幸運的人起點高，生來就擁有資源優勢，但這不代表起點低的人沒有機會。我的起點很低，但我不覺得不幸。別人可以開低走高，我憑什麼不行？與其抱怨自己起點低，不如用行動改變命運。

01 彈簧法則

從谷底越彈越高，掌控自己的未來

彈簧法則：彈簧被壓得越低，積蓄的能量越大，可以彈得越高。

當我們發現自己的起點很低、深陷谷底時，可以選擇做個彈簧，體會自己痛苦的情緒，用積極的行動而非抱怨或自暴自棄，來消解痛苦，將它轉化成改變現狀的動力。行動是治癒負面遭遇的最好方法。

❖ 起點低的人，更要選擇幸運的活法

每個人都有自己的內在驅力，不過驅力有大有小。很多人問我為什麼那麼拚命，很顯然，我這種起點低的人除了拚命，還能怎麼辦？畢竟衣食無憂的人總有退路，沒

有傘的人在雨天只能拚命奔跑。在安逸環境中長大的人，可能難以體會這種感受。

我是煙台人，那裡的冬天十分寒冷。我小時候，家裡沒有暖氣，只能燒炕取暖，但為了省錢，只在晚上藉著做飯後的餘火取暖。餘火半夜就熄了，棉被抵禦不了冬夜的奇寒，我總會被凍醒。醒來後，我寧願憋尿也不肯上廁所，因為廁所在屋外。

上大學前，我最大的願望是買件新衣服。有次我穿著姑丈給的又皺又黃的襯衫去學校，同學向我投來異樣的目光。有次我穿著表哥給的外套，向同學炫耀時，被發現衣服上有個小補丁。有次我鼓起勇氣跟奶奶說想買新衣服，奶奶堅決不准，我委屈地流下眼淚。

上大學時，我沒日沒夜地打工賺錢，從發傳單到做銷售，從當家教到賣電話卡，從賣餅乾到為補習班招生。這些收入雖然不能改變我的命運，但至少可以讓我買件喜歡的新衣服。

我把不幸化為拚命的動力。當這個世界沒有人愛你時，你可以選擇愛自己。心理學家說：「幸運的人用童年治癒一生，不幸的人用一生治癒童年。」我是不幸的人嗎？如果我怨天尤人、自暴自棄，的確非常不幸。

雖然生活把我壓得很慘，但我可以選擇自己要做一個什麼樣的人。不幸的童年為什麼不能成為我前進的動力？**命運可以在客觀上給我們幸與不幸，但奪不走我們的選擇權，我們可以在主觀上選擇讓自己活得幸或不幸。**

生來起點很高的人若選擇不幸的活法，便會度過一個悲慘的人生。生在低谷的人若選擇幸運的活法，選擇勇敢行動，一定會展開一段精彩的人生。畢竟當人身在谷底，只要往前走，走的就是上坡。

❖ 從過去到未來，機會不只有一兩次

高中時，班導經常對我們說：「好好唸書，大學入學考試很可能決定你們的未來。」高二時，我意識到班導說得沒錯，這也許是我改變命運的唯一機會，於是發奮

學習，讓成績名列前茅。

可惜，那時候我以為除了清華、北大、復旦等名校之外，其他學校都差不多，所以依據自己的喜好，選擇大城市的商學院。我直到進入大學，和同學交流後，才發現自己以原本能上一流大學的分數，填報二流大學。

我對「學歷決定未來」深有體會，是在畢業找工作時，我發現一起求職的人大多是名校畢業，總能獲得更多的青睞。從事人資工作後，我的感觸更深，為了高效選才，招聘時自然會優先從名校中選人。

學歷劣勢曾讓我一度灰心喪志，覺得人生發展無望。但是，我在職場打拚多年後，發現學歷只是張車票，只要能上車，最後能到哪，還是看個人的選擇和努力。除了特殊領域，學歷與職業或事業的發展沒有太多直接關係。

不要相信「人生只有幾次機會」這類鬼話。**這個世界從來不缺機會，缺少的是發現機會的眼睛和抓住機會的勇氣。**發現機會需要有足夠多的資訊，抓住機會需要有足夠強的能力。與其抱怨沒機會，不如搜集資訊、增強能力。

有次我和朋友及他住上海的哥哥一起吃飯。他哥哥是上班族，月薪不到兩萬元（注：本書未標示的幣值皆為人民幣），不過他買房買得早，十幾年前就貸款在上海買了兩棟房子，如今增值十倍。朋友感嘆，房地產市場可能再也沒有這樣的投資機會了。

房地產市場很難再有這樣的投資機會，不代表其他領域不存在機會。**投資不只基於外物，也基於自己。**時代在發展，機會永遠都有，很多人說：「未來才有機會」，這句話不對。不是只有未來才有機會，其實過去也存在機會。

舉例來說，我的圖書策劃人「寫書哥」，在眾人認為文字自媒體已沒落的時代，靠著在社群網路寫作，兩年間讓粉絲從零增加為六十八萬；我則是在眾人認為圖書市場已沒落，很少人買書的時代，成為暢銷書作者。許多人說寫書根本不賺錢，但如今我寫書的收入是上班時的十倍。

❖ 用「平衡計分卡」，制定人生規劃表

起點低或身處低谷，只是暫時落後。人生不是直線跑步，我們前進時，除了比速度，還要看路徑，這需要制定規劃、設定目標。

我以前跟別人講過自己的規劃，包括何時買房、買車、結婚、生小孩。朋友笑我：「你連生小孩也要規劃？」實際上，我不僅實現買房和買車的目標，甚至提前實現；結婚和生小孩也都在預期年份實現。受孕有科學的方法，為什麼不能規劃？

我的辦公室在一所高中附近，每天到了健康操時間，學校會放勵志歌曲，大概是為了鼓勵學生迎戰大考。這些歌曲中，范瑋琪的〈最初的夢想〉令我印象深刻，其中有段歌詞是：

最初的夢想　緊握在手上
最想要去的地方　怎麼能在半路就返航
最初的夢想　絕對會到達

實現了真的渴望　才能夠算到過了天堂

夢想這個詞，用在不同場合有不同涵義。用在考場，夢想是考生進入心目中知識殿堂的理想。用在競技場，夢想是競技者成為第一、奪取金牌的願望。用在職場，夢想是員工實現職涯發展規劃的方向。用在創業，夢想是創業者帶領團隊實現經營目標的渴望。

夢想是目標，實現目標需要規劃路徑。具體上該如何做?管理學中，有個經典工具叫做平衡記分卡（Balanced Scorecard，簡稱ＢＳＣ）。ＢＳＣ有三個步驟：畫出策略地圖（注：包含財務、顧客、內部流程、學習與成長四個面向，可參考本書第163頁）、展開關鍵績效指標（ＫＰＩ），以及制定行動方案。ＢＳＣ經常用於企業管理和績效管理，它的成功運用讓我發現，也能用於制定個人規劃。於是，我用ＢＳＣ制定人生規劃表。我的人生規劃表有四個面向，分別是財務與理財、學習與成長、職業與事業、生活與休閒，如圖表1-1所示。

圖表1-1 人生規劃表

規劃面向	第一年	第二年	第五年
財務與理財	✓ 年收入達60萬元	✓ 年收入達72萬元	✓ 年收入達120萬元
學習與成長	✓ 聽12場TED ✓ 學完日文課程	✓ 考過日文N2檢定 ✓ 看10本專業書籍	✓ 考4張語言證照 ✓ 學習新興領域知識
職業與事業	✓ 業績成長20% ✓ 搜集資訊，觀察市場	✓ 升主管職 ✓ 確立方向，開始籌備副業	✓ 業績成長75% ✓ 副業業績成長50%
生活與休閒	✓ 看20場電影 ✓ 結婚	✓ 去日本旅遊 ✓ 嘗試滑雪	✓ 生第一個小孩 ✓ 買某社區套房

注：本頁內容為舉例，空白表格請見第213頁

1. 財務與理財

例如：每年收入要達到多少、如何投資理財。

2. 學習與成長

例如：每年要學習什麼知識、提升什麼能力、聽什麼課、考取什麼證照。

3. 職業與事業規劃

例如：每年在職涯上要發展到什麼程度、何時開始發展副業、何時開始創業、何時開始向其他領域延伸。

4. 生活與休閒

例如：何時去哪裡旅遊，看什麼類型的電影、嘗試做什麼戶外運動，何時在哪裡買房、何時結婚、何時生小孩。

每個規劃都有相應的行動方案和所需資源。我開始用ＢＳＣ制定人生規劃表的前兩年，目標大部分是近期、比較容易實現的，而且達成率保持在九五％以上。後來，目標更長遠、更宏大，經過努力，我取得八〇％以上的達成率。我漸漸發現，當時想都不敢想的目標，竟然都實現了。

結合我的心得，制定規劃可以分為四步進行。

1. 捫心自問，確定夢想

想站到哪裡？想成為像誰一樣的人？想達到什麼狀態？那裡有什麼場景？首先，只需要用心確定自己最初的夢想，不論它看起來多麼不切實際，都牢記於心。

2. 寫下夢想，看清夢想的樣子

思考達成夢想需要哪些能力和資源，需要付出什麼、放棄什麼。舉例來說，有人夢想成為專業經理人，他需要瞭解專業經理人究竟是什麼樣的職業，看到其風光面與辛酸面，以及為了成為專業經理人而付出的堅持和努力。

3. 釐清現狀與夢想的距離

想清楚自己現在身處哪裡，是什麼狀態，然後找到通向夢想的道路。有的夢想很宏大、很長遠、實現過程比較長，而有的則不然。但無論如何，總有一條路通向夢想，我們要做的就是找到它。

4. 為學習和發展制定行動計畫

根據自己的現狀和夢想的狀態，確定自己需要找什麼人、做什麼事、找哪些資源，以及主動學習哪些知識。在通往夢想的道路上，打怪升級是必須的，而打什麼怪要有計畫和行動。透過行動，提高並增強自身能力，尋找可幫助自己的資源，才能實現夢想。

很多人不相信規劃的工具和方法，但實際上是不會用，也沒嘗試去用。我們應該低頭走路，但規劃幫助我們抬頭看天。在不斷規劃和努力，持續敢想敢做的循環中，我們會獲得成長的複利，成為更好的自己。

02 逆風法則

把握挑戰的訊號和機會，有效獲取經驗

逆風法則：逆風不是件壞事，是獲取經驗的訊號，是成長的機會。

一帆風順無法讓人真正成長、獲取經驗，反而在逆風時，人成長得更快，學習得更多，就像五月天〈倔強〉中的歌詞：「逆風的方向，更適合飛翔。」

❖經驗來自不舒服，刻意跳脫舒適圈

曾有人問我：「做人力資源的不都很閒嗎？你們不做實際業務，你竟然還有通宵工作的時候，有那麼多工作要做嗎？」

我說：「是的。大多數的人力資源工作者確實沒那麼忙碌，但我不是，我喜歡沒

事找事。」

我之前任職的公司（世界五百強之一）屬於零售業，營運人員通宵工作是常有的事。在商業中最源頭的零售業裡，要學到經營管理的真諦，最好的方法是跟緊業務的腳步。我喜歡商業，自然不會放棄這個絕佳機會。我每天和業務部門的人混在一起，學習世界上先進的零售營運管理。反觀當時許多同事一邊做輕鬆的工作，一邊抱怨薪水低，但又不願接觸業務，嫌業務累，遠離業務部門的人。

為什麼我能把人力資源管理工具書寫得又快又好？因為我做得夠多，累積得夠多。為什麼很多工作三十年的人寫不出書？除了寫作能力的差異，很多時候是因為**累積不夠**。

很多工作三十年的人，只是把簡單的事重複做三十年，每天還想著怎樣才能少做一點、如何混水摸魚，彷彿少做和混水摸魚就是賺到。把簡單的事重複做三十年，等於有三十年工作經驗嗎？當然不等於。

對此不理解的讀者可以去人才市場看看。在相同城市、相同行業、同種類型的職位，為什麼有的人僅有不到十年的經驗，卻可以年薪百萬，有的人有超過二十年的經驗，卻年薪不到五十萬？因為**前者具有真經驗，而後者只有假經驗。**

我做人力資源管理時，每天接觸新工作、迎接新挑戰，雖然只有十幾年工作經驗，但都是高品質的經驗。我不僅把人力資源管理的所有工作內容都做過一遍，而且與業務部門的人緊密聯繫，所以我制定的方案大多貼近實務，執行力高。我會刻意避免以下三種情況。

- 大部分時間處在悠閒、安逸、舒適的狀態下。
- 一直做自己能力範圍內熟悉的事情。
- 近期學到的一切，與自己的觀念和知識完全吻合。

當這三種情況出現時，代表還待在舒適圈中，這是成長停滯的訊號。什麼是經驗？**經驗其實是管理異常的能力**，是人們成功處理麻煩、困難、挫折、障礙等異常狀況後，才習得的能力。如果一帆風順、歲月靜好，如何獲取經驗？

有一次我和朋友一起坐飛機，途中遇到亂流，飛機劇烈搖晃。朋友有些擔心，小聲對我說：「不會出什麼事吧？」

我說：「你坐飛機的次數比我多，有需要這麼緊張嗎？」

朋友說：「我從來沒遇過顛簸得這麼厲害的情況。」

我說：「不用擔心，我遇過晃得比這更厲害的情況，而且你看空姐的表情絲毫不緊張，可見當前的狀況不是她們遇過最糟糕的。」

舒服換不來經驗，經驗大多來自不舒服。

在學習過程中，如果我大部分時間都覺得對方說得真對，多半學不到東西，因為這充其量只是鞏固當前的知識，我沒有吸收新知、擴充知識邊界。如果我發現對方說的好像有問題，而無法認同，就會研究對方為什麼得出這個結論、為什麼這麼想，站在對方的立場思考問題。在這個過程中，我反而能學到很多東西。

有了這個認知後，我發現以前的很多醍醐灌頂其實是假的，是多巴胺分泌帶來的快感，是接受知識娛樂化的內容而產生的錯覺。這類內容是被包裝出來的垃圾食品，好吃卻沒營養。

學習是反人性的，多數人不喜歡學習過程，而是喜歡它帶來的結果，更確切地講，是它帶來的好處。能有效增長知識、獲取經驗、擴充知識邊界的學習，過程通常令人不愉快，但結果是愉快的。令人愉快的學習過程，反而結果可能是不愉快的。

❖ 老地方沒風景，經歷碰撞才能找到真我

人習慣待在舒適、熟悉的環境中，一旦養成這種習慣，會變得無比依賴這種環境，而不願意走出舒適圈，看看外面熙攘的世界。時間久了，人就會變得膽小、慵懶、懦弱。

我有個大學同學非常優秀，畢業前就拿到三個錄取通知。她非常想去北京闖蕩，但經不住父母的軟硬兼施，最終選擇留在家鄉做一份清閒工作。其他很多同學過著早出晚歸的生活，而她每天準時上下班、吃飽三餐，也不擔心被辭退，中午還有時間上瑜珈課。

歲月靜好，日子安穩，但她並不滿意。工作完全不能給她成就感，這讓崇尚自由的她喘不過氣。她漸漸明白，待在舒適圈，並沒有想像得舒服。她理想中的自己是獨當一面的職業婦女，而現在卻逐漸變得平庸。她想追逐理想，但直到現在還是沒勇氣踏出那一步。朋友們見她糾結，都勸她安心待著，別想太多。萬一她踏出這一步出了問題，誰敢承擔鼓吹她辭職的責任？

人們貪圖表面的輕鬆和感官的舒適，到頭來會發現，自己固守的與其說是某種生活方式，不如說是懦弱。如果不喜歡現在的生活，要不要出去追尋喜歡的事，還是操之在己。人們離開熟悉的土地，才能領略大千世界的無奇不有。人們踏上新的旅程，才會明白經驗賦予的意義。唯有走出去，**離開舒適圈，才能體悟過去的自己與現在的自己有何不同。**

什麼是自己？日本知名設計師山本耀司說：「『自己』這個東西是看不見的，只有撞上一些別的什麼，反彈回來，才會瞭解自己。」所以，人們只有與陌生的、很強的、可怕的東西碰撞後，才會知道自己是什麼，才能找到真我。即使承受風險，即使最後選擇回歸平淡的生活，但離開舒適圈追尋過，就算是為找到真我努力過。

在我曾任職的公司，有位實習生家境富裕，實習結束就離開公司。他畢業後沒有找工作，準備在家待一年，體驗西方青年提倡的「間隔年」（Gap Year）。在西方國家，度過間隔年的方式很多，例如：參加社會公益活動、去國外打工、學習新技能等。但是，當我問他準備怎麼度過這一年時，他說自己哪都不想去，只想天天宅在家，有爸媽管吃管喝，他可以每天窩在床上看小説、打遊戲。間隔年顯然只是他逃避現實的藉口。他有長達一年的時間，隨便做點什麼都比窩在家裡更有收穫。畢竟家是生活多年的地方，還有什麼新的體驗可言？

上學時，每個人都知道，自己下一年會升一個年級，要學習新知識、見識新風景。學會知識、飽覽風景後，下一年會再升一個年級，但這種升級來自外部安排。畢業後，很多人沒有主動升級的意識，選擇停留在某個階段，等待來自外部的安排，而不再前行。

老地方是沒有風景的。永遠待在舒適圈的人看不到世界，也看不到自己。不走出舒適圈，永遠無法體驗不同以往的美麗風景。

❖船的意義是遠航，最怕從未行動

每個人都有自己的舒適圈，長期待在舒適圈中難以成長。想要成長，就要走出舒適區，以適度逆風的狀態進入成長區。

一九〇八年，心理學家羅伯特・葉克思（Robert M. Yerkes）和約翰・杜德遜（John D. Dodson）提出「葉杜二氏法則（Yerkes-Dodson law）」。人們在舒適的心理狀態下，表現是穩定的，如果想達到最佳狀態，需要增加一點焦慮，也就是比正常狀態略大的壓力。增加的這一點焦慮被稱為最佳焦慮值（Optimal Anxiety），這種焦慮使人們剛好處於舒適圈的邊緣。

舒適圈本身沒有問題，像家一樣溫暖舒服。但如果貪戀家的溫暖舒服，而放棄去外面的機會，是很可惜的。很多孩子都有本來想出門，卻被父母阻止的時候，但堅持出遠門的孩子也沒忘記回家的路。他們有些人雖然以失敗告終，但眼界開闊了，認知的世界變大，並發現自己的渺小。

我在職場的最後一份工作，是擔任一家A股上市公司的人力資源總監。當時我在公司發展得很好，因為我工作認真，堅持與人為善，而得到主管的認可、同儕的讚譽、部屬的愛戴。

但職場始終有天花板，碰到後很難再往上走。在大型上市公司，這個天花板正是總監這一級。總監的上一級是副總，屬於高階管理職，不僅承受更大的壓力、承擔更大的責任，還要揭露資訊、接受大眾監督。因此，公司的「一把手」對這個職位的人選是非常謹慎的。

那間A股上市公司的一把手，也是公司創辦人，曾明確表示自己的用人標準中，有一項時間價值。能擔任副總的人，至少要在公司工作十五年以上，一般都要達到二十年，才能證明對公司的忠誠，創辦人才敢把公司託付給這樣的人。

我是個不斷追求成長和發展的人，很開心自己比許多人早很多年擔任人力資源總監，但很苦惱短時間內很難在工作上有所突破。

當外部發展能滿足我的內部發展需求時，我會依附當前的局面。當外部發展不能滿足我的內部發展需求時，我會想辦法打破當前的局面。當時我想到很多條路。

- 跳槽到更大的公司，尋求更高的職位和薪水。
- 加入知名管理諮詢公司，和高手一起做管理諮詢專案。
- 加入知名培訓公司，或是成為自由講師，從事培訓行業。
- 加入成熟的人力資源服務公司，當乙方為甲方服務。
- 創業，建構個人ＩＰ、組成團隊，承接諮詢專案、培訓需求及甲方業務等。

我最終的選擇是創業：先建構個人ＩＰ，然後以個人ＩＰ為基礎，展開一系列業務。理由是什麼？因為前四種選擇都有天花板，它們容納不下我的夢想。前四種選擇都是在為別人打工，而我想為自己打工。

我做出這個選擇，相當於把自己從一艘船的乘客，變成另一艘船的船長，我選擇揚帆起航，駛向沒有盡頭的航道。雖然這個過程中的艱險和風浪需要自己來扛，但沿途風景、到過之處，擁有別人無法體會的美好。

當初，我為了踏出這步，下了很大決心，因為不僅承受來自自己的壓力，還承受來自家庭的壓力。大學畢業時，父母一直要我找個正經工作，也幫忙找過一些「好工作」，但都沒有成功。幸好我後來在企業發展得不錯，才免於說教。如果父母知道我辭職創業，一定會萬般勸阻。所以剛創業時，我怎樣也不敢告訴他們。

創業會遇到各式各樣的困難吧？創業的成功率這麼低，一般人很難堅持下去吧？我在創業前也這麼想，**但是走出舒適圈後，才發現很多困境其實都是自己想像出來的**。當初的各種自我設限最後都被證實，多數情況是我想多了。剛走出舒適圈時，我經歷很多不適，困惑於辦公室租哪裡更便宜、下個月的營收從哪來、去哪裡找客戶、如何做出更好的產品、如何提高客戶滿意度等等。然而，一旦克服前期的不適，堅持便不再是堅持，而是順理成章的事。

人是一種非常容易習慣成自然的動物，我們之所以恐懼做一件事，覺得做起來可能很難，是因為從未開始嘗試，也不習慣做。但我們做著做著就習慣了，而這讓我們變得更強。

不瞭解帆船運動的人會以為，帆船只在順風才能前行。實際上，帆船運動員不論在順風還是逆風都能前行。停在港灣的船是安全的，但停泊不是它們生而為船的意義。人也一樣，**最怕的不是我不行，而是我原本可以卻從未行動。**走出舒適圈的人在遇到全新的自己後，會驚訝地發現自己可以如此綻放。

03 順序法則

採取3個步驟，將事情做對又做精

順序法則：剛起步時，解決「有沒有」的問題；平穩後，解決「好不好」的問題；回顧反省時，解決「精不精」的問題。

我們可以追求一次把事情做對，但很難追求一次把事情做精，因此需要瞭解做事的順序。把事情做對，需要方向、方法及邏輯正確。把事情做精，則需要在時間、付出及經驗上琢磨。

❖ 起步時，克服「有沒有」的問題

達到八十分就可以開始，還是必須達到一百分才行？

很多人認為自己做得不夠好，只有八十分，覺得必須達到一百分才敢開始，因此錯過機會。有的人本來有機會做一份八十分的工作，但非要找到一百分的工作才願意上班。有的人做了八十分的產品，但非要把它打磨到一百分才願意上市。有的人本來有機會追到心儀對象，但覺得自己只有八十分，非要等到變成一百分才敢追求。**剛起步時，我們應先解決「有沒有」的問題**。沒有等於0，0等於虛無，即使0.1也比0好。先著手做，才可能做得更好、更精。

想當暢銷書作者，第一步是寫書，但寫書難道要等到能寫出曠世鉅作才開始嗎？當然不用。我為什麼開始寫書？我當時想，做什麼能累積勢能（注：存於一個物理系統內的一種能量。作者將其喻為人們儲存的個人資本，累積越多越能展現價值），讓別人刮目相看？對普通人來說，除了寫作出書之外，我想不到更好的方法。一個人就算喊破喉嚨向周遭說自己厲害，還不如出一本書來得有價值。

書是會說話的，別人不需要打開它，它已告訴大家作者不是普羅大眾。如果是暢銷書的聲音就更大了，會告訴大家作者是出類拔萃的。要成為知識型ＩＰ，出書是必要條件。我有出書的想法時，還不確定未來要做什麼，只是為了累積勢能，而出書不論在選擇行業、當講師、做諮詢或是創業上，都有競爭力。

我的第一個著作叫《精進之路：千萬年薪的秘密》，是本給上班族看的「心靈雞湯」，內容談論我從職場導師身上學到的職場心得和技巧。這位導師一個月只出勤七天，稅後年薪千萬元。

當時我對出版毫無概念，以為上班族會對這個主題感興趣。我找了很多人幫我出書，卻處處碰壁，最後只能自費。後來我在寫書哥那裡出書，因為他自費出書的費用最低。

結果我第一本書的銷量很低。為什麼？我總結出以下三個原因。

- **沒名氣卻寫心靈雞湯：**一般來說，沒名氣的人寫心靈雞湯都不會成功。
- **內容不夠貼近市場：**我沒提前聯繫寫書哥，只是寫自己覺得好的內容，卻沒想過是否貼近市場。術業有專攻，寫書哥在圖書出版方面比我專業，更瞭解市場，所以現在我確定圖書主題方向時都會和他溝通。
- **沒有後續推廣：**想成為暢銷書作家，需要持續推廣著作。但是，我出第一本書時還在職，不僅沒時間進行推廣，也沒有流量資源。

然而，我能說不該出這本書嗎？我能說出這本書是敗筆嗎？事實上，對當時的我來說，只要書出版了，我就多一個作者身份，比沒有出書的人多一種優勢。

❖平穩後，解決「好不好」的困難

解決「有沒有」的問題後，接下來要考慮「好不好」的問題。所謂「好不好」，就是能否在八十分的基礎上有所進步，達到九十分以上，這正是我出第二本書時要考慮的。

我以前有個執念，認為寫書要寫自己想寫的，把自己最頂級的認知寫出來，高屋建瓴才厲害。我認為好書一定要有思想深度，眼界要遠、格局要大。然而，我的第二本書《人力資源總監管理手冊》證明，這個執念很容易曲高和寡。

我的第一本書上市後，我才敢想出第二本書。那時候，我還在企業工作，未來有幾個發展方向。我想繼續在企業中升職加薪，到更大舞臺上繼續做人力資源工作，所以我覺得出一本人力資源管理領域的書有助於跳槽。與寫書哥溝通後，我們很快在主題上達成共識，但在內容上出現分歧。

那時候，市場上銷量較高的人力資源管理類圖書都很淺顯，而且按照傳統六大模組分類（但頂級管理諮詢公司的實務已不用傳統分類）。我覺得不能「跟風」，否則顯得我的層次太低。與寫書哥進行幾番溝通後，我雖然沒寫自己最頂級的認知，卻也沒寫給新手看的內容。第二本書與第一本書相比，有以下優點。

- 專業的人寫專業的事，領域符合有說服力。
- 有真實工作場景，還有工作中常見難題，以及我的應對方法。
- 有很多關於工作的經驗談和做事原則，不只講理論。

第二本書的銷量比第一本書高，但算不上暢銷。問題出在哪裡？

1. 內容不夠務實

追求高屋建瓴在多數情況下都是務虛，而我竟然在沒有名氣時務虛。對多數人來說，與其追求高屋建瓴，不如迎合市場需求。

2. 結構設計問題

目錄和內容結構設計有問題，沒按照人力資源管理的六大模組分類。我自己知道此書的論點，但讀者不知道，因為其中知識點不明確。

3. 實作性不強

人力資源管理類圖書的讀者大多尋求怎麼做，而非為什麼。此書雖然談論很多法則，但不能幫助新手學到足夠的實作技能。

後來，隨著不斷出版新書，我漸漸有了影響力，帶動第二本書的銷量。我寫第二本書是在圖書市場追求「好」的過程，此書雖然沒滯銷，卻有很多不足。第二本書出版後，我有以下三點心得。

1. 不要以管窺天

走出以自我為中心的思維陷阱，不要以為自己覺得好的東西，也是別人需要的。

2. 以市場為主

瞭解市場、敬畏市場、迎合市場，並且以市場為中心。

3. 多和專業人士討論

在不熟悉的領域有疑問時，可以接受值得信懶的專業人士意見。有不同意見時，可以與他人討論，但不要以為自身聰明才智勝得過別人多年專業累積。

❖回顧反省時，挑戰「精不精」的境界

我出第一本書是為了追求「有」，出第二本書是為了追求「好」，而出第三本書則是要追求「精」。如果沒有那些嘗試後發現行不通的經歷，如果沒有回顧反省以前的犯錯過程，我根本不可能寫出暢銷書。

可以犯錯，但不能一而再、再而三重蹈覆轍。有了前兩本書的經驗，我漸漸摸到

寫書的訣竅，於是策劃第三本書《人力資源管理實操從入門到精通》。從寫第三本書開始，我確定以後很長一段時間深耕人力資源管理領域，打算先成為這個領域的頂尖作者，再逐步進行延伸。第三本書推出後大獲成功，很快登上人力資源管理類圖書暢銷榜，最高月均銷量超過六千冊。

這本書為什麼能成功？我總結以下幾個原因。

- **近客群**：人力資源管理類圖書的主要消費客群，是工作一至三年的新手，此書定位精準，內容和策劃都直指目標讀者。
- **易上手**：人都有偷懶心理，所以此書提供大量的表格、規範及工具，讓人資能一學就會、會後就用，而他們只須一步步照著做。
- **內容全**：我把人資在實戰中最關心、最需要做的關鍵點都寫出來，而且詳述細節，可謂內容詳實。
- **講故事**：講解每個實作知識點時，我提出相關的真實故事和案例，同時搭配應用場景和注意事項，讓讀者感同身受、更有共鳴。

- **送資料**：為了給讀者更好的學習體驗，我錄製影片課程，並贈送大量資料作為購書後的加值服務。

第三本書的目錄有近三百個標題，全書有超過五百個實作知識點，充分展現我的核心競爭力。此書之所以暢銷，原因在於策劃得當、行銷宣傳到位。為了促進銷售，我到各大人力資源管理網站每日更新文章，不僅刷存在感，也吸引流量。我參與各種線上線下活動，只要有機會就推薦此書。此外，我前後自購一千多本，作為活動贈品，以加大宣傳力度。

做精品需要經驗支撐、時間沉澱、細心打磨。不要一開始就想出精品，要先行動，並在行動中嘗試、改變、再嘗試，直至成功。**成功源於敢開始、敢行動、敢犯錯**。在邁向成功的道路上，你犯的錯誤越多，遭受的失敗越多，你的能力會變得越強。

04 積木法則

一步步搭建城堡，讓自己越來越強

積木法則：採用堆積木式在一個領域不斷累積，成為頂尖就能活出精彩。

世人有兩種典型的生活方式，一種是堆積木式，另一種是疊疊樂式。兩者都是積木遊戲，玩法卻有很大的差別。堆積木是看誰堆得高、穩、美觀，就算誰贏；疊疊樂是看誰抽出積木後倒了，就算誰輸。

同樣是比輸贏，堆積木玩到最後，輸家雖然輸了，卻堆出屬於自己的城堡，而疊疊樂玩到最後，贏家雖然贏了，但所有積木倒塌，除了贏的感覺，什麼也沒剩下。採用堆積木的方式，即使輸了一時，但從長遠來看並沒有輸。

❖ 做不下去就轉行，可以解決問題嗎？

很多人在一個行業裡覺得做不下去，想謀求新發展便轉行，轉行後做了一段時間，發現做不下去又轉行。轉行是解決問題的方法嗎？如果所在行業真的在萎縮，轉行也許是對的，但如果只是在這個行業裡沒做好，轉行不僅無法從根本上解決問題，還是一種損失。

很多人覺得自己所在行業不是熱門領域，賺不到錢。例如：上班族抱怨自己不是工程師、產品經理；傳統行業老闆抱怨自己做的不是新興行業，還說傳統行業沒有機會了。真是如此嗎？

我身邊有很多做傳統行業的朋友，不少人只開一家店，雇幾個人，平時低調。我跟他們不熟時，以為他們做的是小生意，收入不高，熟了以後才發現自己的無知。有個做門窗生意的小老闆，在偏僻地方開設工廠，只雇十幾個員工，每年淨利潤竟達到一千多萬元。他的工廠成立二十多年，但生意並不是一開始就這麼好。

他最早開了做門窗的店，起初五年，生意都沒有起色，因為當地市場小，沒有穩定客戶。後來，隨著房地產市場崛起，當地商業發展，他的生意開始好轉，但同時吸引大量競爭對手，同質化的店接二連三地開張，其中不乏資金雄厚的大廠。於是，他已有起色的生意連續幾年碰壁，又面臨生死邊緣。

家人勸他轉行做別的，他覺得自己在這個行業裡堅持十年，改行是重新開始，什麼都不懂，更沒有競爭力，還不如堅持做好這一行。他認為，**在自己熟悉的領域尋求突破，比到新行業尋找機會容易。**

他決定先從流失的大客戶尋求突破。他向之前的最大客戶——某房地產老闆G，推銷自己的窗戶，說雖然價格貴，但品質絕對有保證。G老闆不買帳，說他「老王賣瓜，自賣自誇」，還說別人的窗戶比他便宜，而且工廠規模比他的店大，為什麼要買他的？

他和G老闆打賭，他的窗戶雖然價格高，但品質一定比G老闆現在採購的好，他承擔驗證環節的一切損失和費用，但G老闆仍不為所動。為了證明自己的產品品質，他開車載著G老闆到施工現場驗證。他現場把自己之前安裝的窗拆下，再把G老闆現在採購的窗拆下，鋸開兩扇窗以比較橫切面。

看到兩扇窗的橫切面，即使不懂的人也能看出他的窗戶品質更好：內部實心、厚度更大，但兩者從外表看卻是一模一樣。這種視覺上的對比讓G老闆驚呆了，不僅驚嘆相同外表的窗竟然品質差距如此大，還驚嘆一家門窗店的老闆敢做出這麼有魄力的行為。G老闆覺得他很有人格魅力，於是當場決定以後所有的窗都向他採購。後來他們成為朋友，他每年三分之一的營業額都來自G老闆。

接下來，他用這個方法把失去的客戶一個個爭取回來。他為什麼敢這麼做？因為除了有魄力之外，他深刻理解所在行業。不是所有行業只要建廠形成規模，就能有效降低成本，他基於對所在行業的認知，自信對價格、成本及品質的控管做得比較好，才能贏得市場。

人們在行業中的累積，就像一塊塊堆起來的積木。在行業中做得好的人，能將積木堆得又快又好，暫時領先。做得不好的人也許是積木堆得比較慢，也許是沒找對方法，只要方法對了，持續用心地堆，總能堆出一片屬於自己的天地。

❖ 紅利源於累積，先在一個領域耕耘

把傳統產業做到極致，能達到什麼程度？

二〇一〇年，娃哈哈食品集團創辦人宗慶後，登上胡潤全球百富榜。宗慶後白手起家，小時候家庭非常困難，共有兄妹五人，父親一度找不到工作，全家人只能靠母親當小學教師的收入維持生活。他曾當過推銷員，騎三輪車賣冰棒，吃過不少苦。

二〇二〇年年底，富比士即時億萬富豪榜顯示，農夫山泉創辦人鍾睒睒以身價七百八十億美元，在榜單上排名第八，不僅成為中國首富，而且是亞洲首富。鍾睒睒也是白手起家，他做過水泥工匠，當過記者。

原來，賣水也可以賣成首富。這是怎麼做到的？宗慶後和鍾睒睒有各自不同的創

業故事，但有個共同點就是**遵循堆積木的方式。他們今天的成就，都是一塊塊積木堆積起來**。他們在這個行業裡累積很長時間，最終獲得回報。

雖然賣水的市場大，但競爭十分激烈。曾經，食品飲料公司樂百氏憑藉「27層淨化」的廣告詞擄獲人心，還被當作商業行銷經典案例廣為流傳。但如今，樂百氏悄然退出瓶裝水市場，超市裡見不到它的身影。賣水最關鍵的不是廣告宣傳，而是通路管理、物流管理及供應鏈管理，而娃哈哈與農夫山泉的勝利，主要贏在終端客戶的累積。

針對所有的零售店，娃哈哈和農夫山泉的策略是，只要是實體零售店，除非店裡不賣水，不然一定要有自己的產品。這件事不是簡單地靠砸錢就能辦到，和連鎖超市可以談合作，但對於同樣擁有巨大市占率的街邊商店，前期就需要人力進行掃街式的鋪貨與維護。這種在市井中談判、合作的買賣，沒有做過的人很難體會。

我大學時當過可口可樂的兼職促銷員，因為做得好，督導要我幫她一起巡街檢查鋪貨情況，進入數條街的每家店檢查陳列和貨量，一天下來腰酸腿痛，襪子都磨破了。我當時想，大名鼎鼎的可口可樂，不是號稱品牌價值世界第一嗎？怎麼需要員工做這麼低階費力的工作？後來我才明白，只有掌握終端客戶，才能取得高市占率。

這是人用腳跑出來的生意，不是跑一次把貨鋪上就行，而是需要每天跑。與每家店熟了也不能鬆懈，依然要持續維護，因為你不維護，競爭對手還是會維護。這一切如果不像堆積木一樣一塊塊累積，怎麼占據市場呢？

一切成就都是像積木堆積出來，一切紅利都是累積得來。所有吃到傳統行業紅利的人，都是在行業內有足夠累積的人。**所有吃到新興行業紅利的人，大多都是曾在某個行業內有過足夠累積的人。**紅利來自累積，是一步步跑出來，一塊塊堆起來。普通人如何獲得紅利？持續學習、成長，不斷堅持，一定沒錯。

❖ 不輕易跨界和顛覆，成為賺錢的20%

大多數行業遵循這樣的規律：二%的人賺大錢，一八%的人能賺錢，三〇%的人不賺不賠，五〇%的人賠錢。不賺不賠和賠錢的人（八〇%的人），天天說自己所在行業已走到盡頭。尤其處在傳統行業中不賺不賠的人，最喜歡說傳統行業已死。

真正賺錢的人不會到處張揚自己賺錢，也不會輕易告訴別人怎麼賺錢。太過熱鬧的行業，入行後可能賺不到錢；不太熱鬧的行業，進去後反而可能賺錢。

許多人以為，自己能看懂一百種生意模式，就能做好一百種生意，這是徹底錯誤。其實，**只需要聚焦一個領域，做好一件事情就可以了**。在一個行業中精益求精，正是堆積木的方式。一旦遇到問題就轉行、頻繁換領域的人，每次轉換都相當於把原來堆的積木推倒重蓋。

很多營銷號談「跨界打劫」（注：領域出現意想不到的競爭者），說數位相機跨界打劫膠捲，智慧型手機跨界打劫數位相機等，並且根據外送平台跨界打劫即食品行業之類的現象，說網路行業終將顛覆傳統行業。愛說跨界打劫的人基本上都是為了製造話題、引人注目，他們將邏輯顛倒，倒因為果，把現象說成目的。沒有哪個經驗豐富的人在設計產品時，是抱著跨界打劫的心態去做。

跨界打劫的前提是，被打劫的人會的，我都要會；他不會的，我也要會。如果他會的，我卻不會，那麼我還沒「打劫」，就在他所處的領域中被打敗了。所謂跨界打劫是使用者層面的無意為之，多數人只看到結果，沒看到初衷。

什麼是顛覆？顛覆是推倒重組，就是本來費盡心力用積木搭建一座小城堡，要推倒並重新蓋。**內行人從不談顛覆**，大談顛覆的人往往對別的行業只瞭解三〇％，覺得發現一個巨大商機，自己可以顛覆這個行業。

這是什麼心態？他們看到這個行業裡，很多人堆出來的積木不好看，覺得自己堆出來的積木會更好看。但是，他們真的進入這個行業，對行業瞭解七〇％時，就信心全無了，因為他們發現，原來自己對於這個行業思考的一切問題，其他人都已經思考並實踐過，自己沒有比在行業內打拚多年的人高明。

別隨便談跨界，別輕易談顛覆，遵循堆積木的方式，把一個領域琢磨透徹，成為這個領域的領頭羊，就足夠精彩！

本章重點整理

- 我們無法決定自己的起點，但可以選擇讓自己活得幸或不幸。畢竟這個世界從不缺機會，缺的是發現機會的眼睛和抓住機會的勇氣。
- 舒服、熟悉的地方沒有成長機會，離開舒適圈，才能體悟過去的自己與現在的自己有何不同。
- 做事順序應該是先求「有」，再求「好」，最後求「精」。
- 遵循堆積木的方式，紅利會不斷累積。在自己熟悉的領域尋求突破，會比到新行業尋找機會容易。

NOTE

/ /

第 2 章

想要一次做對？用這些方法迴避風險

成長過程中處處存在風險，它們有時來自外部，有時來自我們自身。風險意味著成本損失、時間浪費。為了預防風險，首先要學會迴避它們，才能少走彎路，更容易實現目標。

05 不賭法則

出現一夜暴富的心態，就注定會失敗

不賭法則：人一旦抱有「賭徒心態」，在成為賭徒的那一刻，就注定會輸。

賭徒認為一夜暴富很容易，只要找到捷徑，相信運氣，將本金全部押注，贏幾次就能實現財富自由，就算為此鋌而走險也沒關係，這就是賭徒心態。千萬不能抱有賭徒心態，否則只會離成功越來越遠。

❖怎麼避開抄捷徑的風險？

可能很多人會這樣想：

- 應該有捷徑吧。
- 肯定有辦法能讓我一次賺很多錢。
- 冒險做不確定的事也沒關係，只要有賺就算賺到。
- 多借點錢沒關係，只要賺錢就能還清。
- 我要全押！我要傾盡所有！我要不留退路！

如何一夜暴富？真有捷徑可走嗎？答案不言而喻——**建立不賭心態，才是正解。**

❖投資騙局的受害者，有個共通點

投資理財的文章把投資說得簡單，投資者似乎不需付出努力，只要掏錢，然後等著數錢就好。前幾年中國的P2P（Peer-to-Peer Lending，網路借貸）接連倒閉，我也買過三家P2P的產品，但我選的都比較有保障，當時沒有出事。不是因為我有多精明，而是我曾在投資理財上吃過虧。

我剛有些存款時，在網上搜尋賺錢專案，發現一個投資產品。投資這檔基金的定期定額，五到六個月可以提現，每天有一%至二%的報酬率，也就是說五個月後至少有一點五倍報酬。為什麼這檔基金能有這麼高的報酬率？基金官網上的說明表示，其在全球投資原油、天然氣等高報酬專案，新聞報導、照片等證據一應俱全。官網內容全是英文，基金總部設在美國，必須用美元交易。

我對龐氏騙局（Ponzi scheme，注：一種金融詐騙手法，利用後期投資者的資金向早期投資者支付利息，直到資金入不敷出，後期的大量投資者便蒙受金錢損失）略知一二，也懷疑過真偽。但我抱著僥倖心理，心想這檔基金有歷史、有實體，只要一到期馬上把錢拿出來，應該不會這麼倒楣吧？

龐氏騙局的模式大同小異，我投錢後不到三個月，基金的官網打不開，我投入的錢全沒了。在中國的P2P或民間非法集資倒閉，投資者還能報警，但我投資的這個基金倒閉了，連報警都沒辦法。

有次春節回老家，姑姑向我推薦投資項目，跟我投資的那個基金模式一模一樣。我勸姑姑千萬別投資，她說只試一個週期，結果她和我之前一樣損失慘重。報警後，發現這個民間非法集資專案共詐騙三十多億元，這還只是在一個小城市的收入。

不論什麼時候，只要有人說投資就有一二％以上的年報酬率，什麼都不缺，就缺你的錢，這個人很可能是騙子。路要一步一步走，天上不會掉餡餅，容易賺錢的機會背後充滿陷阱。想賺錢無可厚非，但要小心自己的貪念被別人利用。龐氏騙局騙得到人，不是因為被騙的人不知道這是騙局，而是他們明知這是騙局，卻被貪念驅使，覺得說不定能利用騙局的漏洞獲益。

因此，**我們要對抗的不僅是騙子，還有自己的貪念、僥倖和以為能暴富的妄念。**

❖穩定的賺錢機會，都在主業中

有沒有可能只需付出上網的時間，在家坐著就能輕鬆賺錢？這是我曾經的幻想，也是後來我被騙的思想根源。典型的龐氏騙局比較容易識破，但如果加上包裝，讓人一眼看不出來就難講了。

我後來投資的項目，就是一個比較難識破的龐氏騙局。

有一次我上網尋找網路賺錢的機會，發現國外有一種看廣告拿收益的網站，使用者只要每天登錄網站看滿一定時間的廣告，就能獲得收益。由於這些網站每天收看數量有限制，而且使用者看一個廣告的收益較低，因此只在一個網站老實看廣告的效益不高。

使用者可以使用兩種方式提高收益，第一種方式是老實地在多個同類網站收看廣告，雖然在單一個網站賺得少，但多個網站加在一起，一個月下來賺幾頓飯錢，沒什麼大問題。第二種方式則是推薦別人來網站收看廣告，拿別人看廣告的分紅。

這個模式看似合理。廣告商為了推廣，在網站打廣告，付給網站廣告費。網站為了點閱率，把一部分廣告費分給看廣告的用戶。用戶透過看廣告，獲得少量收入。這似乎是能實現三贏的局面，用戶有什麼好被騙的？問題出在提高收益的第二種方式。

為了增加規模，這些網站設置一個推薦獎勵機制，舉例來說，A推薦B，B看廣告會分紅給A，B又推薦C，C看廣告會分紅給A和B。很多正規店家也使用類似的推薦獎勵機制，這並不稀奇。

但這些網站開了個「腦洞」，讓沒有推薦能力的用戶透過付費，購買新用戶，以獲得新用戶看廣告的分紅。這似乎很簡單，不過真的會賺錢嗎？（見下頁圖表2-1）

圖表2-1　似乎很賺錢的模式……？

模式一

模式二

①

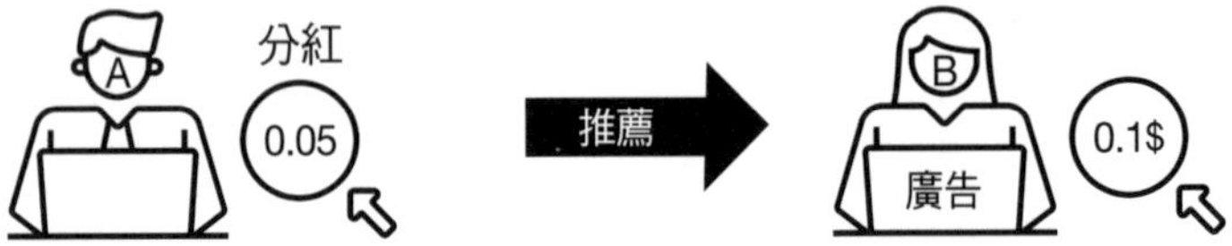

A 看一個廣告拿 0.1 元，A 推薦 B 看一個廣告，B 拿 0.1 元，A 分紅 0.05 元。

---

②

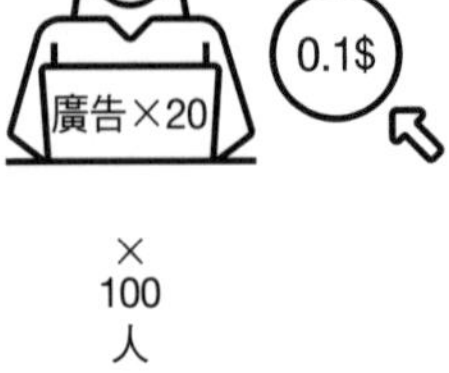

A 如果沒能力推薦，可花 100 元購買100 個新用戶，獲得他們的分紅。
只要他們看超過 20 個廣告，A 就賺了。這些新用戶如果再推薦新人，A 可以獲得更多報酬，進一步縮短回本時間。

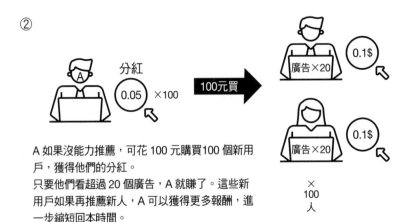

實際上，A購買的一百個新用戶不可能全是活躍使用者，很多用戶只看兩、三天就放棄，網站也不保證新用戶的活躍度。這是網站設計的投資策略，對用戶來說風險很大，因為購買新用戶後無法保證他們的活躍，但用戶會抱著僥倖心態：「或許會買到每天都看廣告，還拉來更多用戶的新用戶。」但仔細思考，操控權全在網站手中。這看似完美的模式其實是龐氏騙局，我又上當了。

我會上當有兩個原因。

- 沒有搞清楚模式就盲目加入。人會騙人，但模式不會。如果模式有問題，看起來像好人的人也是騙子。做任何事情前都要分析模式，只有模式合邏輯，才能考慮去做。
- 我還沒有掌握不賭心態，還是輸給貪念和妄念。

相較於上述投資方式，投資股票總可靠吧？股神華倫・巴菲特（Warren Buffett）的故事，激勵每個追求財富自由的年輕人，我也不例外。

炒股與買股是兩個不同的概念，我一開始遵循巴菲特倡導的投資理念，看準買進一檔股票後就不管了。這看似簡單，但最大的難點是對抗自己的內心。

一年過去，我心想股票也沒漲，要不然試試短線交易，聽說張三賺了不少，就跟著他買吧。張三是我的朋友，我們一起工作兩年多，他後來辭職做證券，我們偶有聯絡，他說自己已日進斗金。聊天中，我希望他推薦一檔股票，他爽快地推薦，我基於對他的信任，全倉買進這檔股票。

沒想到在大盤沒有大波動的情況下，這檔股票從買進的第二天一路狂跌，中間幾乎沒有漲過。我想後面可能會漲，一直捨不得賣。我買進的成本是十六元，兩年後價格跌到六元。後來，我為了支付讀ＭＢＡ的學費，只能清倉認賠。有趣的是，這支股票好像在戲弄我，在交完學費的半年內，它一路狂升，漲到二十元。

術業有專攻，任何一個領域都有專業。一個不是天天研究股票的人，看了幾本巴菲特的書，就覺得能在股市中賺錢，這也是基於貪念產生的妄念。在股市，比我懂一百倍的人都可能賠，比我專業一百倍的人都可能虧，我憑什麼會賺錢？

體會龐氏騙局，體會股市的風雲變幻，想遍可以讓自己再出發的方法，我發現還是要**把時間用來做自己擅長的事**。人力資源管理這個領域的門檻雖然低，但天花板很高。大企業的人力資源負責人，不論做管理諮詢，還是做培訓講師，都能年收幾百萬。我為什麼不在自己的專業領域裡深耕呢？

06 獨立法則

養成獨立思考能力，不盡信專家建議

獨立法則：具備獨立思考能力，建構獨立人格，為自己的成長及決策負責。

應該多方聽取別人的意見，但永遠不要把自己的命運交到別人手中，即使那個人是專家。人要敢於突破常識，不輕信傳統觀念，為自己負責。搞清楚為什麼，是獨立思考的第一步。

❖自己為自己負責，不被話術牽著走

二〇〇七年秋天，網路交易不像現在盛行，大多數人還搞不清楚什麼是

Ｂ２Ｂ（Business to Business，企業間的電子商務）、Ｂ２Ｃ（Business to Customer，企業與消費者間的電子商務）、Ｃ２Ｃ（Customer to Customer，消費者間的電子商務）。我是隨著網路發展成長的人，相信網路會成為未來的發展趨勢，於是決定投身做Ｂ２Ｂ。

在實地考察後，我加盟一家Ｂ２Ｂ網站，總部在北京商務中心附近，富麗堂皇的裝潢讓我覺得這家公司值得信任。我靠著創業加上跟親戚借的錢，和一個朋友以五十萬元的資金加盟，成為這個網站在天津市的總代理。

當時我認為Ｂ２Ｂ是個暴利行業，我們的模式是收取商家入駐網站的會員費和網站廣告費，除了雇人的成本，對我們來說幾乎是無本生意。現在看來這個判斷也沒錯，阿里巴巴集團以Ｂ２Ｂ起家，發展Ｃ端業務（淘寶）的前幾年都賠錢，是靠Ｂ２Ｂ業務不斷補充金流，為Ｃ端業務補血。

錯就錯在我選錯網站。加盟後，我前後忙了一年多，忽然被通知網站經營不善倒閉了，於是我落得身無分文，並欠債十萬元。投資失敗帶給我金錢和心靈上的雙重打擊，借錢給我的親戚不斷說些風涼話，像是「早說你不是那塊料」、「別做夢了，實際點吧」、「這就是你不聽話的下場」之類的酸言酸語，我不但要還錢，還要遭人白眼。此外，因為創業耽誤找工作的黃金時期，我求職處處碰壁。

我從未想過，自己會嘗遍基層勞動者的辛酸和苦楚，這是人生中最灰暗的時期。因為社會閱歷不足，我把商業世界想得過於簡單。在深刻反思後，我認為**千萬不能把自己置於只要失敗一次，就全盤皆輸的境地。**

決定做B2B專案前，我曾關注一個頗有名氣的經濟學家，並吃過他的虧。二〇〇七年前後，他認為房地產有泡沫，房價必然會下跌，而我的判斷與他相反。當時，我打算投資B2B的錢，是可以在天津市付清大房子的頭期款或買套小房子。我想買房子，但又想：「這個經濟學家在大眾媒體上說的話會有錯嗎？就相信他吧。」結果房價一路飆升，我錯過買房時機。

在糾結買房或投資時，我把命運交給經濟學家。在投資上，我把命運交給B2B網站。我以前會這麼想：「失敗的原因都在他們，所以自己只是單純的受害者」，但如今不會這麼認為。沒有人強制我，一切的決策都是我自己做的，只能為自己的決策負責。

這個世界每天都有各種真假資訊，該如何辨別？唯有不斷學習，養成獨立思考的習慣，才能避免自己被話術牽著走。

❖ 常識不等於真理，發現有益自己的結論

我的職場導師跟我說過一個關於他的故事。

小時候，他的母親總是教他，吃木瓜時先吃尾再吃頭，因為頭最甜。從尾吃到頭，雖然先吃的部分不甜，但會越吃越甜，這叫先苦後甘。他通常只吃甜的部分，每次都被他的母親罵。

他後來做了一件大家都沒想到的事。他將吃過最甜的木瓜的種子種下，得到更多的甜木瓜。周圍的人只知道吃木瓜要先苦後甘，消極接受「有的木瓜甜，有的木瓜不甜」這個事實，卻不去想如何保留這種甘甜。

沒有人喜歡苦。先苦還是先甘，不僅蘊涵「掙脫僵化思維束縛、突破傳統思維方

式」的智慧，也蘊涵博弈中「贏」的智慧。先甘不一定後苦，但是先苦了，已經苦過，也不一定後甘。

華為總裁任正非說：「條件不好的時候，要艱苦奮鬥；條件好了，喝著咖啡照樣可以艱苦奮鬥。艱苦奮鬥是種精神，而不是形式主義。」常識不等於真理，人要獨立思考，發現有益自己的結論，而不是墨守成規，人云亦云。

❖ 用「黃金圈法則」思考，先清楚WHY

有一次，我的導師問大家：「假如有一天，你們去山上砍樹，山上一共有兩棵樹，一棵樹是粗的，另一棵樹是細的。如果你們只能選擇其中一棵砍，你們會選哪一棵？」

問題一出，大家有些不解，回應：「砍那棵粗的吧。」

他笑了笑，說：「如果那棵粗的是一棵普通的楊樹，不值錢；而那棵細的是紅松，現在你們會砍哪一棵？」

大家想了想說：「那就砍紅松，因為楊樹不值錢。」

他微笑著問：「那如果楊樹是筆直的，而紅松卻歪七扭八，已經不值錢了，這時你們會砍哪一棵？」

大家越來越疑惑，有人說：「如果是這樣的話，還是砍楊樹吧。紅松彎彎曲曲的，什麼都做不了！」有人說：「還是應該砍紅松，即便紅松再扭曲，還是可以用來做一些小工藝品。」

導師的目光閃爍著，大家已經猜到他又要加條件了。果然他問道：「如果楊樹雖然筆直，但年份太久，中間已經空了。這時，你們會砍哪一棵？」

雖然搞不懂他葫蘆裡賣的是什麼藥，大家還是從他給的條件出發，說：「那看來還是要砍紅松了，楊樹的中間都空了，沒有用！」

他緊接著問：「可是紅松雖然不是中空的，但它因為扭曲得太厲害，砍起來非常困難，這時你們會砍哪一棵？」

終於有人坐不住了，問：「您到底想測試我們什麼呢？」

他收起了笑容，說：「你們怎麼沒有一個人問我，到底砍樹是為了什麼？雖然我的條件不斷變化，但最終結果取決於你們最初的動機。如果想要取柴生火，就砍楊樹；如果想做工藝品，就砍紅松。你們不會無緣無故上山砍樹。」

有時候工作結果的對錯不重要，重要的是，在過程中能不能解釋為什麼這麼做。不是因為主管或有人吩咐，而是自己主動思考：「為什麼這麼做？」如果只知道「怎麼做」，充其量是工匠。知道「為什麼」做，才是管理者和領導者該有的思維。

全球管理思想家賽門．西奈克（Simon Sinek）提出「黃金圈法則」。黃金圈是三層同心圓，由內向外分別是WHY、HOW和WHAT（見下頁圖表2-2）。

大部分人的思考、行動及交流方式都是由外向內，也就是WHAT→HOW→WHY。許多成功的領袖和管理者，以及許多龍頭企業和組織的思考、行動及交流方式，則是由內向外，也就是**WHY→HOW→WHAT**。以職場發展為例。

• WHAT

開始時，是由外向內，先觀察WHAT，例如：看同事和主管在做什麼，什麼是他們已經做，而自己沒觀察到的工作；工作屬性怎麼劃分；不同工作之間的關係如何；對實現既定目標有什麼作用。

• HOW

接下來，在WHAT的基礎上思考HOW，例如：這些工作該怎麼做，才能達到既定標準；怎樣才能精進並達到卓越水準，從制定策略到執行，如何保證策略實施。

• WHY

然後，進入取得管理精髓和成長進階的關鍵，則會考慮WHY，例如：為什麼要做這些工作而非其他工作；自己究竟為什麼而努力。當一個人完整走完由外向內的流程，真正開始向高手轉變時，意味著他開始學習由內向外思考。

圖表2-2 黃金圈法則

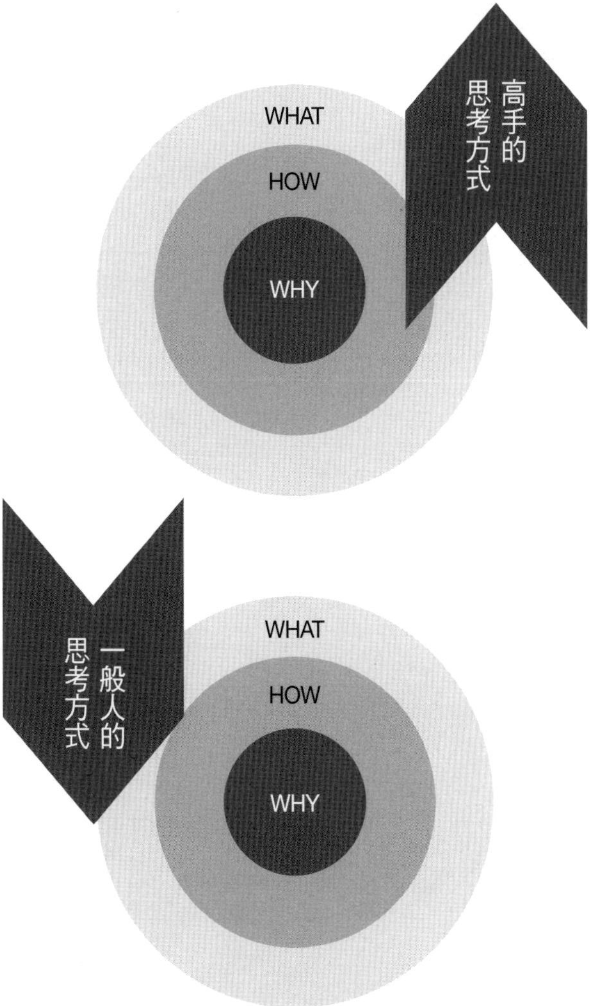

外行看熱鬧，內行看門道，說的是外行人只看到工作表面，內行人能透過現象看到工作本質，掌握做好工作應注意的事以及該遵照的標準流程。高手不僅全面地看到表象（WHAT），還掌握因應方法（HOW），更悟到做這些工作的根本原因（WHY）然後把由外向內的思考轉變為由內向外的思考。

總之，我們**應當以為什麼為始，以怎麼做為橋，以做什麼為終。**

07 準繩法則

遵守原則，把知道變成做到能避免錯誤

準繩法則：想讓知道變成做到，做事時需要有原則及準則。

「知道」不等於「做到」，很多時候人們不做某事，不是因為不知道，而是因為做不到。人們做事時，需要具備一條準繩，要有行為準則和做事原則。當人們能持續遵照準繩做事，就會逐漸將準繩內化成習慣，融入行為當中。

❖ 巴菲特堅守投資原則：專注甜蜜區

你有沒有一再犯錯的經歷？有沒有即使明白道理，也不照著做的經歷？有沒有一再吃虧的經歷？很多人教別人時頭頭是道，但輪到自己時就全部都忘了。

我的父親嗜酒，喝酒早已危害他的身體健康。曾有醫生勸我父親戒酒，後來他發現那個醫生也喜歡喝酒。連醫生都言行不一，我父親更堅定自己沒必要戒酒。可見，拿自己都沒做到的事來勸別人，沒有任何說服力。

在決定創業前，我做出一個非常不明智的決定，在融資融券後，全倉買進一檔股票，與之前買股票的經歷不同，這次是自己挑選的股票。我當時參考一些理論，但如今看來這個決策真是差勁。對於投資股市，我並不專業，但那時以為自己很懂。

融資融券是什麼概念？相當於向證券公司貸款買股票。那時，開通融資融券帳戶的條件是有五十萬本金，我正好有五十萬，就開通了帳號。加槓桿買股票是非常不明智的，也許會大賺、小賺或不賠不賺，但如果賠錢一定大賠。幾個月下來，我賠了近一百萬元。

我為什麼會犯這個錯誤？當時，我因為買房、買車、結婚，手裡剩下一點錢，沒找到好的投資管道，又急著讓錢變得更多。我還想著透過股票賺一筆，這樣就算創業的前幾年不賺錢，也能撐下去，而且可以多雇幾個人，開拓當地的甲方人力資源服務業務。本來我在創業時，手裡有五十萬可以打地基，結果真到要創業時，我不但沒錢還負債。

我犯錯的原因依然是沒具備不賭心態，以為成功有捷徑，在做無法掌控的事情時以為能成功。之前多次犯下的錯誤，還是沒有讓我長記性。我深刻體會到，知道和做到真的是兩回事。我自認是個理性的人，但竟然無法阻止自己一再犯錯。

如何避免一再犯錯？我的感悟是，一定要有準繩。什麼是準繩？準繩就是做事的原則、法則、規範及標準。**我們一定要遵照準繩做事，而不是依靠感覺、衝動和想像力做事。**先訂定自己的準繩，然後堅決遵照執行。

巴菲特的成功正是堅持遵循自己的投資原則。舉例來說，科技股連續幾年大漲時，巴菲特依然堅持只投資提供民生商品或服務的上市公司。理解巴菲特的投資原則並不難，但若要一直按照原則做事，需要戰勝人性和貪婪，具備不賭心態。

巴菲特曾運用美國職棒大聯盟選手泰德·威廉斯（Theodore Williams）的理論，說明自己的投資原則。威廉斯在著作《打擊的科學》中，把打擊區域分成七十七個部分，只有當球進入區域中的理想區域時，他才揮棒打擊。他將這些理想區域稱為「甜蜜區」，如果球沒落在甜蜜區，他就不會揮棒。

巴菲特在投資時也是如此，他有自己的甜蜜區，這正是做事原則。他只投資有把握的股票，沒把握的股票就算看起來再美好，他也不會投資。因此，只要遵照準繩做事，就不會一再犯錯。

❖錯誤發生在一開始，怎樣及早做對？

抽菸的人不是不知道吸菸有害健康，而是沒辦法不抽菸。喝酒的人不是不知道喝酒有害健康，而是沒辦法不喝酒。怎樣才能讓有菸癮的人戒菸，有酒癮的人戒酒？最好的方法是一開始就不要抽菸、喝酒。

如果很早就明白準繩法則，並堅持遵照準繩做事，人生會順利很多。這就是為什麼很多家庭都有家規的原因。家規是所有家庭成員做事的準繩，其作用是使每個成員在一開始就把事情做對，避免走彎路或發生錯誤。

人如果沒有類似家規的經驗指引，也能一開始就把事情做對嗎？當然可以。

有一次我和朋友在「如何讓員工在工作上更加負責？」這個話題產生分歧。那時我還沒有小孩，朋友說不過我，就說：「你沒有為人父母的體驗，根本不懂什麼叫負責。」我說：「我也沒有死過，難道我不懂什麼叫死嗎？」

我們不用犯過所有錯誤，才知道如何避免，我們要追求一開始就把事情做對。該如何做到？**最好的方法是找一個值得效仿的對象或是引路人，當自己的導師。**

在講述如何選擇好的導師之前，我想談論一個詞：驕傲。

什麼是驕傲？有人說驕傲是自我膨脹，有人說驕傲是自以為是，有人說驕傲是到處炫耀，這些說法在一定場景下都對。如果我們問自己：「我是個驕傲的人嗎？」多數人大概都會否定。許多人只有像「龜兔賽跑」中的兔子，做出離譜行為時，才會意識到自己是驕傲的。

接下來，我們問自己：「我有效仿對象嗎？我有引路人嗎？我有人生導師嗎？」如果沒有，這裡的潛臺詞是，我們已經默認自己是所處領域裡最厲害的，已經不需要學習或追趕任何人，也不需要任何人的指導。

這肯定不是多數人的本意，但這確實是一種被忽略的驕傲。讀萬卷書不如行萬里路，行萬里路不如閱人無數，閱人無數不如貴人相助，貴人相助不如高人指路。閱人無數後，發現不同人的成敗得失，從中總結經驗教訓，避免犯下同樣的錯誤。有貴人相助時，經貴人提點，能避過一個又一個的陷阱。

這正是學習的目的，人們要不斷學習、終身學習。人們應該學什麼？**應該學要形成哪些準繩，按照什麼原則做事。**當我們形成原則，遵循原則做事，犯錯機率將會大大降低。

如果要尋找人生導師，該怎麼找？人生導師通常能以旁觀者的身份，看待我們的工作或事業，幫助我們看到全貌，既可以與我們談理論，也可以論實務。理想的人生導師，最好是在職業或事業上領先我們三至十年的前輩。這樣的時間距離可以保證，導師的建議具有足夠的前瞻性，我們能提前做好準備，又不至於過分超前而脫離實際。

理想的人生導師最好具備以下三個特點。

1. 指明方向

理想的人生導師應具備較強的前瞻性，幫助明確目標和方向，其發展路徑可視為努力的參考。傑出的發展路徑不會一帆風順，一次挫折都沒經歷過的天才，不一定是好的引路人。理想的人生導師是面對許多挑戰和失敗，也能逐一突破並戰勝的人。

在某些情況下，選擇與自身職業或事業發展稍有不同的人，當人生導師，也未嘗不可。如此一來，我們能接觸不同思維模式，啟發自己的思路，以新角度看事情，提供新的方向。

2. 啟發智慧

理想的人生導師能啟發我們獨立思考，並形成結論，而不是強行灌輸價值觀。如果你的人生導師總是以「想當年我……」開始發言，你最好再謹慎考慮，因為和這樣的人聊天，即使帶著明確的問題，談話往往會演變成以他為主角的演講，無法發揮具體幫助。

3. 鞭策成長

理想的人生導師可以不斷質詢現狀，把我們從自信的狀態中搖醒，並協助規劃和考慮未來。尋找理想人生導師的目的，是讓自己更強大，而不是變成溫室裡的花朵。

失敗是成功的一部分，失敗也最能鍛鍊人。如果有人總是防止我們犯下所有錯誤，他不會使我們更強壯，反而會讓我們變得軟弱。當有一天需要靠自己時，該怎麼辦？所以，要找一位能啟發思想，找到問題根源的人生導師，而不是事事都替我們擺平的靠山。

理想的人生導師把解決問題的能力放在首位，而把面臨的問題放在較次要的位置，這就是「授人以魚不如授人以漁」的道理。保姆式的人生導師能讓生活輕鬆不少，但為了個人成長，應該**尋找擅於利用循序漸進的提問方式，幫我們釐清思路，引向問題根源，鞭策成長的人生導師**。

❖遵循準繩不是靠堅持，而是靠習慣

準繩要靠堅持遵守嗎？不，遵守準繩不能靠堅持。這裡的堅持是不想做，但靠意志和自制力逼自己做。堅持是痛苦的，人如果靠堅持遵守準繩，早晚會突破界限、打破原則，產生越界行為。

準繩要靠什麼遵守？答案是**靠習慣**。什麼是習慣？習慣是不糾結，也不需經過思考，與每次堅持時彷彿得經歷思想抗爭不同，習慣是自然發生的行為。如果有人還在堅持準繩，說明還沒養成習慣，還沒用好準繩法則。

人的意志力、自制力都有限，並非取之不盡、用之不竭。就像力氣，世界上沒有人的力氣是用不完的，人用力過猛會累，需要休息。意志力或自制力也是如此，這個結論已經被諸多心理實驗證實。

當我們饑餓難耐時，面前突然出現一桌大餐，本來可以隨便吃，不必考慮減肥問題，但偏偏告訴自己不能吃，而選擇配白開水吃一片沒味道的餅乾。當我們在可以休假放鬆、享受生活、做任何想做的事情時，偏告訴自己不能休息，要繼續埋頭苦幹。在這類情景中，我們每堅持一次，意志力就消耗一分，**如果堅持的次數太多，將會在某個時刻累到無力堅持**。

這和體力勞動一樣。想像一下搬家的情景，我們把一堆傢俱從樓上搬下，抬上貨車，再從貨車上卸下，最後抬到新家。用不了一天，我們就會雙臂酸軟、腰酸背痛，嚴重時連一杯水都端不起來，因為耗盡肌肉力量。

不同的人天生力氣不一樣，意志力的強弱也不一樣，但人的意志力與智商一樣，總會呈現常態分布的趨勢。先天上，有人意志力超強，也有人意志力超弱，但多數人的意志力處在中間狀態，不強也不弱。肌肉力量有極限，意志力也有極限。生活中面臨的誘惑很多，每天都有大量事物分散我們的注意力，如同手機上有大量APP佔掉許多時間，假若僅靠後天鍛鍊意志力，讓自己不過度使用那些APP，根本不夠。

成功者和菁英之所以能高效地工作、學習和生活，其實不像很多人認為要依靠強大的意志力，而是**得益於後天建構起的習慣**。他們透過習慣，產生對成功有益的行為。從沒有習慣到養成習慣，這個過程需要意志力。當這個習慣養成後，只需靠著潛意識推動行為即可。

如何養成習慣？習慣的養成依賴四個部分：信念（belief）、暗示（cue）、慣性行為（routine）和獎勵（reward）。

1. 信念

信念是養成習慣的高層條件，解釋「為什麼」。為什麼有人要養成早睡早起的習慣？因為他相信對身心健康有好處。為什麼有人要養成每天學習兩小時的習慣？因為他相信對事業發展有好處。

相反地，有人對此並不在意，因為他們認為這些習慣與身心健康、事業發展，沒有太大關係。兩者實質上有沒有關係是事實，我們認為它們有沒有關係是信念。強化信念有助於獲得精神上的正向回饋和動機。

2. 暗示

暗示是觸發習慣的開端，像是槍的扳機，當人們按下扳機，子彈就能擊發。養成習慣也需要製造一個暗示，這種暗示有很多，可能是時間、地點、事件或場景。暗示沒有好壞之分，決定習慣對我們是否有利的，是習慣引發的一系列慣性行為。暗示是大腦中某個習慣流程的開始，是習慣養成的必備環節。

舉例來說，如果有人每天睡覺前習慣滑手機，那麼暗示可能是他躺下後蓋被子的動作。如果有人習慣待在客廳就看電視，那麼他可能坐在客廳沙發，就下意識地打開電視。我們要養成某個習慣，必須在暗示下長期持續地做出某種行為。持續一段時間後，當再次處於這種暗示，就會習慣性做出相應的行為。

3. 慣性行為

因為習慣而產生的行為稱為慣性行為，其中「慣性」指該行為經由無意識產生。例如：有人一開電腦，會先打開網路遊戲；有人一到辦公室，會先泡壺茶。在養成新習慣的過程中，人的意志力會修正引起負面效果的舊習慣，替換為新的慣性行為。

在糾正舊習慣的過程中，我們要特別留意引發這些習慣的暗示，不斷提醒自己不要重蹈覆轍。這一步非常消耗時間和精力，可能需要與舊習慣反覆拉鋸，因為形成良好的慣性行為，不僅需要意志力克服舊習慣，還需要在過程結束時，有一定的正向回饋，也就是獲得獎勵。

4. 獎勵

獎勵是習慣養成過程中至關重要的一環，卻很容易被忽略。為什麼壞習慣容易養成，卻難以改變？因為壞習慣給人的獎勵往往是即時且明顯，例如：打遊戲、看綜藝節目、滑手機。

好習慣難以養成，是因為好習慣給的獎勵在短期內不夠明顯。學習、健身這類習慣，往往需要較長時間才能看到效果，也許有些人能從過程中獲得精神激勵，但多數人不行。所以，我們要適時給自己一些獎勵。

08 不輸法則

與其和人拚輸贏，不如立於不敗之地

不輸法則：不要想著怎麼「贏」，而是想著怎麼「不輸」。

《孫子兵法》主要不是教人們怎麼贏，而是教人們怎麼不輸。逞兇鬥狠，非要與別人比個高下的人遲早會輸，因為強中自有強中手。但「高築牆，廣積糧」，不斷強化自己，讓別人覺得打不贏而不敢出手，才是真正立於不敗之地。

❖ 孫子兵法教你不輸，因為活著最重要

剛到一個陌生環境時，讓自己活下去是最重要的，為什麼？

有一次在實體課的休息時間，一個學員問我問題。他說他曾在一家知名公司做到高階主管，後來被另一家更具成長潛力的公司挖角。他剛到這家公司一個多月，發現不少問題，俗話說「新官上任三把火」，他有意做一次比較大的人員和流程調整，想諮詢我的建議。

我建議他先在公司穩定生存到第三個月再說，主要先深入瞭解情況、搜集資訊，不要有較大的動作。第三至六個月後，可以嘗試做一些小改動。如果不是老闆要求，較大的人員和流程調整最快要等待一年以後再做。

人力資源管理界，流傳著一個人資三個階段必讀的書單。

第一階段：《人力資源管理》、《組織行為學》、《驅動力》等

第二階段：《教你怎麼不生氣》

第三階段：《活著》

這個書單雖然搞笑，卻說出一個道理：想在組織中順利工作，除了掌握基本知識和技能之外，活著很重要。唯有讓自己活下去，才可能發揮價值，只有活得好，才可能推動組織產生積極的變化。

中國古代政治家曾國藩不擅長騎馬，原本只是文臣，後來卻戰功顯赫。他是怎麼打仗？他的戰法稱為「結硬寨，打呆仗」。

首先在想攻打的城池外面安營紮寨，形成包圍之勢，這就是「結硬寨」，然後不斷鞏固、壯大實力。為了保證糧草充足，軍隊一開始大範圍種植糧食作物，做好長期抗戰的準備。接著，他不派兵進攻，就這樣與敵軍耗著。城內的人出不來，城外的支援也進不去，不斷被曾國藩的軍隊消耗。一段時間後，城內的敵軍沒有糧草和補給，只能坐吃山空。即使敵軍想要殊死一戰，但軍隊士氣下降，精力耗損嚴重，戰鬥力大打折扣，最終必定失敗。

曾國藩是怎麼贏的？他不是把敵軍打敗，而是把敵軍耗敗。曾國藩打勝仗，比的不是戰力，比的是誰能耗得過誰，誰活得時間長。

❖想當職場人才、人材，還是「人裁」？

不論是職場還是商業世界，活下去的最好方法是讓自己變得不可缺少。以職場為例，每個公司都存在三種類型的人，任何員工必定屬於其中一種類型。二〇%左右是「人才」，這部分人被稱為「不可缺少型」。六〇%左右是「人材」，這部分人被稱為「合格型」。二〇%左右是「人裁」，這部分人被稱為「淘汰型」。不可缺少型的員工，要不是擁有公司不可或缺的技能和資源，要不就是能力突出，能在職場上凸顯自己的工作價值。

剛畢業的小王和小李是一所頂尖大學的同班同學，他們同時被某公司的同一部門錄取，主管是行業內非常資深、在公司打拚多年的劉總。有一次劉總出差前，給他們一項重要的資訊搜集和整理工作，要求他們盡可能搜集相關資訊，兩天內把整理好的檔案傳給他。

小王和小李都剛來公司，對這個行業和公司的瞭解不深，劉總也沒有告訴他們搜集資訊的具體要求、途徑及方法等。小王有點不高興，私下對小李說：「劉總沒把這項工作交代清楚。我們都剛畢業、剛來公司，人生地不熟，去哪搜集資訊啊？」

小李笑了笑，說：「今晚我們都回去想想辦法吧。」

小王第二天在網上大略搜尋，把排在搜索結果前兩頁的相關資訊複製、貼上，做成一份文字檔傳給劉總。小李沒有像小王那樣著急，他找到之前在該部門工作過，現在已升任另一個部門負責人的馬經理，詢問關於劉總安排這項工作的看法，以及資訊搜集的途徑。

馬經理一開始不想理會小李。後來小李再次拜訪，甚至中午不吃飯，在馬經理的辦公室外面等待，馬經理覺得這個新人很積極好學，很像當年的自己，就耐心地告訴小李應該找的人。最後，馬經理跟小李說：「我把這幾個人的電話給你，我也會跟他們打招呼。你說是透過我找到他們的，他們就會幫你。」

於是，小李一個個打電話聯絡，搜集到很多重要的內部資料和關鍵資訊。小李把這些資訊備妥後，又花一點時間整理成含圖片、文字及表格的PPT，一目了然。之後，小李將PPT傳給劉總。

對於其他的工作，小王和小李都保持著類似的做事風格。

一年後，劉總把重要的管理工作交給小李，把可有可無且費力不討好的事務型工作交給小王。兩年後，小李的薪水穩定上漲，小王還在原地踏步。

三年後，小李被劉總提拔為部門經理，進入管理階層，而小王還在原職位做重複性的事務型工作。五年後，小王默默辭掉工作，到另一家公司繼續做同樣的工作，而小李在劉總晉升後，坐到劉總原來的位置，挑起大樑、獨當一面。

為什麼小王和小李的起點相同，命運卻不同？

因為他們一個消極，一個積極；一個找藉口，一個想辦法；一個過程導向，一個結果導向；一個考慮方便自己，一個考慮方便別人。**不同的態度、思維及行為，產生不同的結果。**

許多員工搞不清楚公司和老闆的需求是什麼。老闆缺的往往不是錢，而是時間。老闆花錢雇員工，是為了延長自己有限的時間，提高自己在單位時間內的產出。老闆是否願意在一個人身上投資時間，取決於這個人對公司是否具備不可替代性。不可缺少的員工總是在做兩種事情。

- **創新：**在創新中發現規律，開創全新的事業，引領未來。
- **維持：**日復一日地做相同的事，少有差錯且越做越好。

前一種人側重創新決策，後一種人側重遵照執行，而企業就是在這兩種人的努力中，循環往復地呈螺旋式前進。不可缺少的員工是中流砥柱、發動機、傳動軸、千斤頂，是實現目標的執行骨幹，是既能錦上添花，也能雪中送炭的關鍵力量。這樣的員工一旦流失，組織必然呼吸不暢。

❖ 馬太效應讓贏者全拿，你得不可或缺

如何成為不可或缺的人？

如果只能用一句話回答，那就是「比周圍的人好一點」。比周圍的人好一點，靠的不是精明，而是踏實把所有事做好。

以前有人問我：「你當初是預料到會往現在這個方向發展，所以選擇人力資源管理這個行業嗎？」當然不是，人力資源管理不是我的最初選擇，我只是誤打誤撞進入這個領域。

客觀地說，人力資源管理不算差，但算不上非常好的領域，如果現在可以重新選擇，我大概不會選這個領域。只是我喜歡商業，人力資源管理與商業息息相關，因此也能接受。

我還沒有穩定工作時，租的房子周圍有個大型超市招聘人事行政助理。也許因為薪水低，沒人想做，我去面試後就錄取。那家公司在世界五百強企業中排名前五十，但人事行政助理每月的薪水扣完保險不到九百元。

那時我住在天津市濱海新區，租在能找到的最便宜閣樓中，屋裡只有一張單人床、一張桌子，房租每月六百元。去掉房租，我每月剩不到三百元，除了吃穿，還要還債。在一碗麵要十五元的城市，我連半個月的飯錢都不夠。

這是我人生中第一份體面的工作，想著要抓住這根救命稻草，為了活下去，為了活得更好，我唯有拚命努力。

做生意應追求利潤最大化，在職場應追求升職加薪。我怎麼做？

- 我工作效率高，別人用三小時做完的工作，我用一小時做完，而且做得比別人好。我不像有的人總是想著如何偷懶，而是想著如何又快又好地完成工作。

- 別人壓線上下班，我上班比別人早，還經常無薪加班和通宵工作（雖然我選擇加班一方面是為了蹭飯）。
- 我不計較、不算計，主管經常給我非本職工作的事，別人想辦法推掉，我卻欣然接受，而且不惜用非上班時間完成。

如果你是主管，發現底下有個年輕人，一人能當三人用，眼裡全是工作，而且還不笨，你會怎麼辦？零售業管理職位更替頻繁，主管當然會優先提拔這樣的人，因此我升職很快。

職場和商業世界都有大量「炮灰」。什麼人會成為炮灰？心思沒用在做事上的人。這類人不思考如何把事情做好，沒有競爭力，必然成為炮灰。這個世界遵循贏家全拿的馬太效應（Matthew effect），不論在哪個領域，優秀都是必備，只有成為領頭羊，才有出頭機會。

我見過很多的高手，這些人無一例外都非常務實。我做上一份工作時，老闆已經七十二歲，他四十八歲才創業。已過古稀之年的他經歷無數滄桑，我問他事業成功的秘訣，他的回答簡單卻富有智慧：「幹什麼，就好好幹。」

職場上，如何成為一個企業不可或缺的人？

1. 比主管的要求多一點

只懂得做好分內工作的員工，早晚會被企業淘汰。超越主管的期待，才能讓主管印象深刻。不要只等著主管傳授經驗，等著有人帶領你成長。你可以靠努力，做得比主管要求的更好。

2. 比周圍的同事好一點

這是個競爭激烈的社會，說得抽象一點，我們的對手是自己，說得實際一點，我們在職場晉升上的對手，是做著同樣工作的同事。這與「訓練場上是隊友，競技場上是對手」的道理一樣。比別人更積極、更優秀的人，永遠會獲得更好的機會。

3. 發掘並鍛鍊自己的職場資本

職場資本指的是，一個人在職場中具備有別於他人、相對稀缺的能力。這種獨特的個人能力，是我們的潛在價值。一個人擁有職場資本，通常會得到主管和周圍同事的認同，並獲得升遷、加薪的機會。

4. 保持不斷學習和提升個人修養的習慣

社會人士必須搭起一個不斷學習和提升修養的框架，若不搭框架，永遠支撐不起自己的人生。人生需要大規劃，而不要小經營。大規劃是對自己知識框架和人格框架的規劃，小經營則是把心思用在揣測主管喜好、斤斤計較等事情上。

想成為企業不可或缺的人，不要把格局搞得太小，不要小聰明，而要有不斷學習和提升修養的基本框架，在框架的基礎上靠大智慧填充內容。

物以稀為貴，人以傑為尊，二十一世紀是人才的時代，是知識經濟的時代。優秀人才很稀有，社會總是將優秀人才放在更重要位置。想要在企業裡做到優秀、卓越、有價值，必須努力讓自己比周圍的人好一點，成為企業不能缺少的員工。

本章重點整理

- 人必須具備「不賭心態」，瞭解沒有一夜暴富的捷徑，否則會輸給貪念和妄念。
- 做事前先搞清楚為什麼，可以多方參考專家意見，但最後的選擇權永遠在自己手上。成功或失敗，都要自己負責。
- 錯誤發生在一開始，因此要找到自己的「甜蜜區」，掌握做事的準繩，就能一次做對，並將準繩變成良好的長期習慣。
- 做得比周圍的人好一點，保持不斷學習和提升個人修養的習慣，讓自己成為不可缺少的存在，便能在競爭中立於不敗之地。

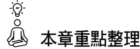

NOTE

/ /

第 3 章

累積勢能帶來競爭力，讓你價值變現

一個人的內部成長包括思維、格局、眼界、知識的成長，外部成長則展現在勢能的累積上。價值變現其實就是勢能變現，勢能可以帶來競爭力。外部成長來自內部成長的累積，對一般人來說，累積勢能的最佳方法是不斷學習。

09 直線法則

坦率直爽的溝通，增進工作效率

直線法則：兩點間，直線的距離最短，做人做事也是如此。

坦率直爽的溝通能快速達成目的，簡單純粹的性格更受歡迎，以率真直接的風格做事效率較高。當不知道怎麼做，我們可以做一個簡單的人。

❖ 贏家都知道，說什麼都不如說真話

我剛開始工作時，聽身邊很多人說職場充滿勾心鬥角和爾虞我詐。起初以為這是職場的真理，但後來發現說這些話的人，都是多年沒發展的「老油條」。這就有趣了，如果這些人看得這麼明白，為什麼職涯沒有發展呢？

顯而易見，這些人對職場的看法是錯的。職場中有勾心鬥角和爾虞我詐嗎？肯定有。然而，這是職涯發展的核心嗎？肯定不是。職涯發展的核心是什麼？**是一個人為組織創造價值的能力。**如果不保持簡單直接的心態，義無反顧地增強自己為組織創造價值的能力，而把精力放在勾心鬥角和爾虞我詐，必然走向歧途。

❖誠實可以提高效益、降低成本……

誠實是個很俗的話題，卻很少有人能真正做到。難在哪裡？難在多數人以為，有時選擇不誠實對自己有利，以為虛偽和阿諛奉承是安身立命的根本，以為懂得投機、厚黑、奸詐的人更容易獲得財富。

誠實是一種效率很高的策略。為什麼？在此我們不從傳統美德去說，從「經濟人假設」來談，把人看成以追求自身利益最大化為目的，而進行經濟活動的主體。每個主體都希望盡可能少付出，獲得最大限度的回報。那麼，人為什麼要誠實？

1. 誠實可以提高效益

人在社會中無法完全孤立。一個人的力量有限，為了活下去，人與人之間必然要互相支持、幫助、合作。但天下之大，一個人為何偏偏與A合作，不與B合作？為何偏偏與A交心，不與B交心？為何提拔A，而不提拔B？虛偽、騙人的人當然不會被選為合作對象。人只有具備誠實，才可能被選為合作對象。

2. 誠實可以提高效率

不誠實就需要編造謊言，編造一個謊言後，得編造更多的謊言圓謊。最終，浪費巨大的精力和時間，編造一個沒有漏洞的謊。如果選擇誠實，就能將精力和時間用在更有意義的事情。誠實能節省彼此猜忌的時間，將更多的精力和時間用於思考怎麼把事做好，而非怎麼處理謊言。

3. 誠實可以降低成本

人們傾向選擇成本最小的途徑，而誠實能大幅降低交易成本。任何交易都存在違約的可能，因此雙方在交易過程中，會提出各種條款來減少這種可能。不誠實帶來的精神壓力，會顯著增加個人選擇、決策及思考的時間成本。如果雙方都誠實守信，這種時間成本便大大減少。

4. 誠實可以減少風險

只有誠實能從根本上真正解決問題，一味地欺騙或隱瞞則會讓問題越來越嚴重。

進入管理階層後，每當我有機會與新進員工交流，我都會對他們說：「當你遇到事情，不知道該怎麼處理時，請記住一個原則——以誠實的態度，堅持為公司利益做正確的事。即使你做出的行為產生一些不良影響，公司也會支持你。」

❖ 向老闆反映實情，有4個技巧

在職場，我一直採取簡單直接的溝通方式和做事原則。這種風格沒有像很多老油條或「好心人」想的那樣，讓我的路越走越窄，反而讓我越來越受歡迎。

我在一家公司任職時，公司老闆有個叫小美的親戚，在子公司的某部門工作。這個部門的正常編制為五人（不包括部門負責人A），多了小美後超編一人。A很頭痛，因為另外五人都很優秀，工作也認真負責，只有小美仗著是老闆的親戚，總是想盡辦法偷懶。

A找我訴苦，說本來挺好的部門因為來了小美，搞得人心渙散。現在老闆要裁員，總不可能裁小美吧？那不是等於得罪老闆嗎？但如果裁掉這五個認真工作的人中任何一個，部門運作必然受影響。

對我來說，這種情況下通常有四個選擇。

1. 裝傻

- 原因：假裝不知道有裁員這件事，這種選擇最安全。在這樣的情境下，無能為力很正常。不做是因為不知道怎麼辦。多做多錯，少做少錯，不做不錯。

- 缺點：被老闆視為不作為。

2. 遵照老闆

- 原因：做到想得開、識大體，在遵照公司指示的同時，考慮老闆的感受。這種選擇意味站在老闆這一邊：要聽老闆的話，要維護老闆的利益，如果遇到與老闆意見違背的情況，完全以老闆為準。
- 缺點：有時老闆的決定並非對公司有利，自己可能因為盲從，而失去部屬的信賴。

3. 把問題推回去

- 原因：做出這種選擇有利於免責。我也想解決，但無法解決，所以老闆自己解決，不要透過我解決。
- 缺點：被認為沒有擔當、推卸責任。

4. 找老闆反映情況

這種選擇最冒險。「沒有三兩三，不要上梁山」，不然很可能會引火焚身。不過，高風險往往蘊藏高回報。**人們的選擇和行為，告訴別人自己是誰。**

我最終建議A簡單處理，直接了當找老闆說明情況。當然，找老闆說明情況需要技巧。策略可以簡單直接，但戰術要百轉千迴。

- 在老闆心情好的時候找他，不然等於自己往槍口上撞。
- 早上第一個找老闆，這時候他的頭腦比較清醒，心情還沒被壞消息影響。
- 站在維護公司利益的角度，向老闆說明情況，同時表明自己的態度。
- 不提出建議和方案，讓老闆自行決定。

在A這樣做之後，老闆沒有過多思考，就堅定地把小美調出那個部門，安排到一個行政職。小美調到行政後，涉及薪水調整。她原來的職位屬於按件計酬，薪資和生產加班時間有關，而每月浮動，平均一個月約五千元。她現在是普通行政職，根據職位性質和她的能力，月薪固定為三千六百元。

照理說，小美的薪資需要人力資源部核定，但她竟然自己填寫薪資申請單，找老闆簽字，給自己定了四千八百元的月薪。然後，她託別人把這張單子交到我手上。我拿到這張單子，有兩種選擇：一是認了，老闆已經簽字，我不必計較太多；二是再找老闆談這件事。

怎麼辦？我認為公司要用統一的薪酬體系，管理所有的人，不能開後門，不然以後怎麼管理其他人呢？因此，我遵循簡單直接的原則，選擇找老闆討論。老闆聽我彙報情況後說：「按照公司的薪酬體系給她定薪資。」

一週後，在一次會議上，公司另一個部門總監小聲對我說，老闆對我的評價非常好，老闆創業三十年，很少遇到幹部為了維護公司利益，主動找老闆討論老闆已決定或簽字的事，因此要他向我學習。

沒有一個老闆不以公司利益為重，沒有一個老闆不喜歡能為自己創造價值的人。簡單純粹更容易聚焦重點，能讓自己的價值越來越大，是做人做事最有效的方法。

10 延伸法則

擴展知識體系，才能促進職涯發展

延伸法則：延伸自己的知識體系，不僅能擴充知識體系的邊界，還能增強創造價值的能力。

搭建知識體系就像建造一棟高樓，這棟高樓的每個房間就是一個知識模組。要完善知識體系，先要看到這棟高樓的全貌，確認高樓的形態，然後一個房間接一個房間擴展建造。經過一段時間累積後，就能建構知識體系高樓。

知識體系高樓達到一定規模後，才能發揮作用，而創業、開展副業、發展專業都需要一定的知識體系做支撐，因此必須不斷延伸、擴充知識體系，才有能力實現目標。

❖ 為何做事失敗？因為知道得太少

我常聽到一種思考模式，以寶媽為例。

一位媽媽有了孩子後，辭去原來的工作，成為全職寶媽，開始學習育兒知識，漸漸學習到很多相關知識。隨著孩子長大，寶媽見社群上很多育兒網紅，覺得自己也可以在社群分享育兒知識、做育兒諮詢或者接業配。但開始做之後，她發現很多問題。

1. 營運社群不專業

寶媽營運社群後，發現寫的東西沒人看，既沒有流量，粉絲數量也成長緩慢。她陷入焦慮，不知道是寫的內容有問題，還是沒有找到營運社群的正確方法。

2. 育兒知識不專業

相較於那些育兒網紅，她的專業性不夠。她以為自己知道的已經很多，可是一旦要總結成文章，發現既無總結，也開不成課，更寫不成書。偶爾有一對一諮詢的機會，她在諮詢方面也不專業，根本無法幫助別人。

3. 商品管理不專業

她想賣東西，但不知道如何挑選產品、如何溝通或談判、如何做供應鏈管理、如何做客服管理，也不懂物流，不懂定價，不懂銷售，結果也沒有做成。

寶媽原本以為自己知道很多，可以用知識來變現。其實，她的問題不是知道太多，而是知道的太少。因為知道的太少，學習新知識對她來說，就像進入一個全新領域。經過學習，她確實覺得自己在這個領域有一定的累積，但是與一直聚焦在這個領域、打滾多年的人相比，她知道的其實很少。**以為自己可以做到，與自己實際上能否做到是兩回事。**

任何領域想要成功變現，都需要具備一定的知識。這些知識可以分成兩部分，一部分是關於該領域的專業知識，另一部分是營運和變現的專業知識。有個育兒網紅曾經問我：「為什麼賣價值相同的同種產品，另一個育兒網紅賣得比我好呢？」我反問她三個問題。

- 你清楚另一個育兒網紅賣產品的方法嗎？
- 你使用過這些方法嗎？
- 你有根據自身情況，以這些方法為基礎，做創新或改進嗎？

她回答我，她連另一個育兒網紅使用哪些方法都不瞭解，更不要說創新和改進。所以，她沒有做好的根本原因是她不知道。

我很喜歡商業，因此從事人力資源管理工作時，一直熱衷研究整個公司如何營運。我覺得學習這些知識，可以為將來進軍商場打好基礎，於是跟著導師學習整個公司的營運管理知識，接觸業務部門的資料，利用組織培訓的機會，學習他們的方法論。要做好人力資源管理工作應該貼近業務，我透過貼近和學習業務，與業務部門間有了共同語言，他們對我的評價和回饋也是正面的。

如此一來，我在公司的發展處於螺旋式上升。我越接觸業務部門、學習業務，知道得越多，我與他們之間越有共同語言，我做的人力資源管理工作越能服務他們。他們對我的評價越高，能讓我更加貼近業務部門，更有利於我學習業務。

結果，我不僅職涯發展比別人更快，而且學到的知識比別人更多。當我學到的知識越多，我越發現自己的無知，越對商業心存敬畏，越知道想創業或發展副業時該怎麼做。

很多時候，我們以為自己知道的很多，結果做事卻失敗。出現這種情況，通常**不是因為自己知道的太多，而是因為知道的太少。**

❖ 怎樣建構自己的知識？用輸出反推輸入

人生有兩件重要的事，一件事是輸入，另一件事是輸出。輸入是指能擴充自身知識體系，讓自身變強的事，例如：學習、健身、冥想等。輸出是指能實現自身價值的事，例如：創業、工作、發展副業、兼職等。

有什麼辦法能持續輸入？有一個辦法是利用輸出反推輸入。利用輸出反推輸入的基本原理是，不是因為需要輸入，所以才輸入，而是因為需要輸出，所以才輸入。輸出是一件既定的事，輸出必然需要輸入，沒有輸入，就無法輸出。因為需要輸出，人的所有精力都會放在輸入，讓輸入變成一件自然而然的事。

我在寫書前，是否熟練掌握書上所寫的每個知識點？當然不是。優質圖書的必備條件是完善的知識體系，如果要保證寫的書足夠優秀，必須學習和研究不熟悉的知識，自然會形成輸入。在輸入過程中，我不覺得痛苦，反而覺得快樂，因為我透過輸入，完成輸出的某個環節，寫出某些內容，得到良好回饋。

有人說寫書是純粹的輸出，說這種話的人要不是沒寫過書，要不就是吃老本式地寫書。寫書既是輸出的過程，也是輸入的過程。寫完一本書，不僅能總結自己知道的知識，鞏固和加強知識體系，還能學到很多新的內容。所以，說寫書的過程是學習的過程，一點都不為過。

利用輸出反推輸入還有個好處，**可以讓輸入更聚焦目標，更能為實現某個目標服**

務，而不是漫無目的地輸入。舉例來說，某人總是管不住自己，於是制定一個年度目標，要一年讀四十本關於自我管理的書。

這個人的邏輯是，因為自我管理能力差，所以要透過一年讀四十本關於自我管理的書，增強自我管理能力。但是，讀書是一件辛苦的事，自我管理能力差的人，能堅持讀完四十本書嗎？顯然最終實現這個目標的可能性很小。

有沒有其他辦法？他可以將年度目標改為達成以下事項。

1. 參加讀書會，並在讀書會上分享四十本書

參加讀書會，讓其他成員對自己有所期待，並監督自己，在分享過程中，還能鍛鍊溝通和交流能力。這就是典型的利用輸出反推輸入，不僅更容易實現目標，而且實現後的效果會更好。

2. 找到自我管理方面的專家，拜他為師、向他學習

這裡的專家是指將大量時間用於研究自我管理，看過大量書籍資料，走過許多彎路，提煉出諸多核心觀點，幫助許多有類似問題者的專家。直接向專家取經，提出具體問題，可以更針對性地探討、分析及解決問題。

3. 成為自我管理方面的專家

這個目標顯然更難實現，但實現後能使自身價值倍增。為了實現這個目標，他可能需要「不斷學習並透過讀書會持續分享書籍」＋「不斷找自我管理方面的專家請教」＋「不斷搜集相關資源」＋「不斷提煉、總結並管理核心知識」＋「不斷嘗試幫助在自我管理方面有問題的人」等。

他原本就在自我管理方面存在缺陷，所以更容易搞清楚問題起源和抓住痛點。他有切身的嘗試和感受，所以更容易知道哪些原理和方法有用，哪些沒用。這便是利用更大難度的輸出來反推輸入。

輸出端是比輸入端層次更高的存在，利用輸出反推輸入，是從更高層次解決低層次的問題。因此，**利用輸出反推輸入是搭建知識體系的絕佳方法**。當我們發現自己的輸入端出問題時，不妨嘗試在輸出端尋找解決方案。

❖ 透過5種方法，讓知識呈指數成長

為什麼我一直堅持寫書？因為寫書不僅能增強勢能、穩固「護城河」，還能拉伸延展知識體系。

出過書的人力資源實戰專家多得是，我若要出書，怎麼做才能比別人厲害？如果別人出一本，我出二十本，而且銷量最高，就比別人高好幾個級別。出書像一場馬拉松，先行者跑在前面，這些人更早被認可，並瓜分市場，甚至重新定義規則。後來者怎麼辦？

如果只追求線性成長，很難有所突破。什麼是線性成長？我現在是主管，做了三年升到經理；我現在沒出過書，熬三年出了書，從此也是作者。

我們要學會指數成長，才能打破局面。什麼是指數成長？我現在是主管，有沒有可能三年後成為總監？A已經出了一本書，有沒有可能三年內出十本書？

指數成長顯然比線性成長高一個層次，當然也更難。但難不是問題，因為簡單的事往往不是正確的事。如何實現指數成長？就是把線性成長的速度加快、數量增加或

成本降低。我們不要想不可能實現指數成長，而要想如何才能做到。

有人寫不出書的原因是靈感枯竭，有人是不知道寫什麼。我如何寫出這麼多書？除了累積夠多之外，也因為我對選題有合理的規劃布局。以出版人力資源管理領域的書為例，我的內容可以基於人力資源管理不斷延伸，具體方法如下。

1. 做細

人力資源管理是個比較大的領域，一般來說，這個領域分成招聘、培訓、薪酬、績效、員工關係、法務等子領域。每個子領域還可以進一步細分，例如：招聘可以細分為人才測評、職位勝任力等。

2. 做專

人力資源管理工作中，有很多專業問題需要解決，例如：資料分析、成本控管、業務驅動、人才盤點、人才培養等。

3. 做廣

不僅可以寫與人力資源管理工作直接相關的內容，例如：行政管理、個人所得稅，還可以寫心理學、財務知識等內容。

4. 做實

讀者普遍喜歡看案例，有沒有可能出純案例版的書？我出版過幾本純案例版的書，其中的內容全部取自真實諮詢案例，包含大量一問一答的內容和解決方案。

5. 做奇

我已出版幾本圖解版的書，這些書是用ＰＰＴ寫的。我可以用圖解的方式，把自己所有文字版的書再寫一遍，當然也可以寫新主題。

想別人不敢想的，想得不好是癡心妄想，想得好就是拉伸擴展知識體系。**世界上只有人想不到的事，沒有人做不到的事。**萬事皆有方法論，只要用對方法，就能把事情做成。

11 淘金法則

懂得辨別知識品質，高效學習與累積

淘金法則：知識內容良莠不齊，要有淘金般的辨別能力。

傳統的淘金者用淘金盤，打撈河水或湖水中的淤泥或沙土，淘掉低價值的泥沙，留下金沙或金塊。隨著知識付費的崛起，網路上知識氾濫，涉及的領域千差萬別，內容品質有好有壞，然而人的時間是有限且寶貴的，因此我們要當淘金者，淘掉泥沙，學習有價值的知識。

❖ 資訊爆炸，瞎學與不學一樣糟

在這個資訊爆炸的時代，各種內容如潮水般層出不窮。當潮水退去，你會發現裸泳的不是提供內容的人，而是不篩選就接收內容的人。唾手可得的學習途徑、垃圾食品一樣的學習內容，不會讓人們真的學到知識，反而會干擾人們專注於真正的學習，便人們陷入低品質學習的漩渦。你是否遇到過以下問題。

Q：為什麼學得越多，反而越焦慮？

我每次聚會見到朋友A，他都會表達他的焦慮。經過我一番勸說，他獲得滿滿的鬥志，但他回去後依然將自己所有的時間用於玩遊戲、追劇、看綜藝……。下次見面時，他重複表達他的焦慮，久而久之，我也感到無奈。

某次朋友B也向我表達他的焦慮，但朋友B與朋友A完全不同。朋友A只會吃喝玩樂，而朋友B的手機裡存了一大堆課程。他明明非常愛學習，把大部分時間都用在學習，為什麼還會焦慮？

因為他學了甲的課後，沒有改變；學了乙的課後，也沒有改變。他在學習的第一年沒有改變，到了第二年依然沒有改變。學了一圈下來，他不知道自己還要學習什麼，也不知道該向誰學習。

市場中的知識產品太多了。在這種市場環境下，瞎學與不學的結果是一樣的，因為最後都沒有產生改變。由焦慮產生的學習意願，若不在學習後轉變為實際行動，反而會讓人越來越焦慮。

Q：如果有兩支手錶，到底該信哪支？

市場上講時間管理的大咖有多少人？講團隊管理的大咖有多少人？答案是不計其數。在任何一個領域，都有一堆大咖分享自己的知識和經驗。

為什麼有這麼多大咖？因為成為大咖的門檻太低，只要拍一張專業形象照，做一張海報，配一些文案，就能變成大咖。一堆人以大咖的姿態講課，小白反而沒那麼多。

想要解決具體問題時，應該選誰的課？這讓小白感到棘手，因為他們比來比去，都不知道該選哪一個大咖的課。有的小白病急亂投醫，一狠心都買了，卻發現這些大咖竟然會在一些關鍵問題上，提出不一致的觀點。例如：有人認為只有大城市才有發展潛力，有人認為小城市照樣有發展潛力。他們都是大咖，而且看起來很厲害，你該相信誰？

當你面前有兩支手錶，它們顯示不同的時間，你該信哪一支？很多問題的答案都不是一加一等於二或非黑即白，大咖抒發自己的觀點，都在各自的條件下成立，怎麼能說誰對誰錯？

Q：在零碎時間學到的究竟是知識，還是知識娛樂？

人們不斷從網路上學到新知識，會充滿快感，彷彿能瞭解世間的一切事物。但是，真要把這些新知識轉化成能力，並加以落實，還需要經過漫長的時間。這段時間裡，人們無法瞬間獲得快感，而必須經歷攀登的過程。人們只有忍受剛學開車時的左右搖晃，才可能如老練司機般駕輕就熟。只有忍受剛學潛水時嗆幾口水，才可能如魚兒般悠然戲水。

有些人忍受不了這種漫長的攀登過程，就會下意識地追求獲得新知識帶來的快感，於是繼續瘋狂地學所謂的「精華」、「懶人包」。時間久了，他們會發現自己的格局變得越來越大，脖子越來越長，但是手腳越來越笨，漸漸成為長頸鹿。他們總喜歡以學習為藉口，花費大量時間在知識大海中游泳，卻沒有越學越聰明，反而越學越無能。

❖ 想讓自己創造價值，注意3個重點

我有個從事人力資源管理工作的同事，她在職涯發展遇到瓶頸，認為自己應該加強學習，於是在網路上到處找課程。

起初她認為人力資源管理與心理學有關，於是研讀心理學知識。然後，她發現人力資源管理也與經濟學有關，又增進經濟學知識。後來，她發現僅學那些知識還是不夠，人力資源管理也與社會學有關，於是再強化社會學知識。她前後學習很多課程，卻發現這些課程沒有幫到她，她的職涯依然存在瓶頸。

人們學得越多，關於學習的問題也逐漸出現：為什麼學那麼多卻沒用？什麼是最值得學的高價值知識？如何區分高品質知識，從而更高效地學習、成長？

網路時代的人一定要具備一種能力——辨別知識品質的能力。這種能力需要識別

出當前知識是有利的還是有害的；哪些是假知識，哪些是真知識；哪些知識的價值高，哪些知識的價值低。

我曾給朋友做面試指導，讓他順利當上某世界五百強公司的總監。大家可能好奇我指導了他什麼？可歸納為以下三點。

1. 具體講價值和結果，不要只講職位、職務

舉個例子，自我介紹時，與其說「我曾經負責……平時的工作內容是……」，不如說「我曾經一年談了三個專案，幫公司多賺了一億元」，這不僅闡明自己的價值，而且能引導面試官的思路。面試官的下一個問題多半是「你是怎麼做到的？」這時可以繼續說明自己提前準備好的內容，從而掌控整場面試的節奏。

2. 講自己的故事，按照「情境、預期、挫折、行動、結果」的順序描述

其中，挫折和行動最重要。比如回答「你是怎麼做到的？」這個問題時，先說當時情境和原本預期，然後重點說遇到的挫折、採取的行動，最好再加幾個精彩反轉，最後說結果。這樣既能充分展現自己在整件事當中的價值，又能全面展現自己處理異常狀況的能力。

3. 提問環節的問題也有眉角

在提問環節，可以問：「假如我通過面試，公司期望我先完成的三項任務是什麼？」這樣既讓公司留下好印象，又能引導面試官說出這個職位的具體要求，由此判斷自己能否勝任。如果真的順利進入該公司，還能為自己「新官上任三把火」做籌劃。

我這位朋友雖然掌握很多專業知識，但沒有掌握我告訴他的這些知識。很多人以為我說的只是面試知識，或是面試套路，實際上這些知識的背後，是普通人不具備的思考模式。

很多人就算知道，也總結不出自己的價值在哪裡。有些人就算不知道，也能在面試時按照自己的理解，往這個方向作答。這種知識不是套路，而是更高品質的知識。

知識大致可以分成四類，分別是將領知識、商人知識、工匠知識和學院知識，如圖表3-1所示。

1. 將領知識

將領知識是指透過別人實現自己目標的知識，比較典型的是領導力知識。將領知識是高價值知識，其表現形式通常較抽象，靈活性較強。想學會需要具備較強的獨立思考能力，而應用時通常不需要付出很多努力。

2. 商人知識

商人知識是指透過商業活動實現價值的知識，比較典型的是經營管理知識。商人知識是高價值知識，表現形式通常較具體，容易被總結成工具和方法論，具有一定的靈活性。想學會需要具備較強的獨立思考能力，而

圖表3-1 知識的四種類型

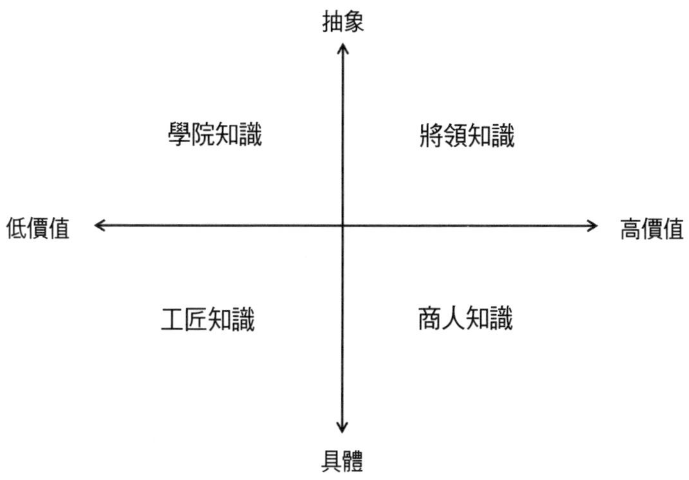

應用時通常要付出較多努力。

3. 工匠知識

工匠知識是指做成某個具體事物的知識，比較典型的是廚藝知識。與前兩種知識相比，工匠知識的價值較低，表現形式通常較具體，容易被總結成工具和方法論，有一定的確定性。想學會不須具備很強的獨立思考能力，而應用時通常需要付出較多努力。

4. 學院知識

學院知識是指某種抽象理論或原理的知識，比較典型的是學科基礎知識。在商業界，與將領知識和商人知識相比，學院知識的實用性較低，其表現形式通常較抽象，多半是對概念的總結，具有一定的確定性。

我教給朋友的面試技巧，就是商人知識。這種知識有兩層表現，第一層表現是員工如何為企業創造價值，創造哪些價值；第二層表現是求職者應如何推銷自己。如果從來沒想過這類問題，顯示從來沒接受過這類知識。

創造價值需要培養創造價值的能力，培養創造價值的能力需要學習對應的知識。想創造價值，要根據當前掌握的知識和自身情況，側重學習更高價值的知識。這時候需要注意三點。

- 這裡講學院知識的價值較低，只是相對於將領知識與商人知識，絕不是否定或貶低學科基礎知識。學科基礎知識是踏入社會的基礎，能培養學習能力。
- 這裡講工匠知識的價值較低，只是相對於將領知識和商人知識。很多情況下，掌握工匠知識是學習將領知識和商人知識的基礎。
- 為了避免偏頗，對於將領知識、商人知識、工匠知識及學院知識，我們都應當有一定程度的掌握，有助於分辨這四類知識。

❖ 終身學習的核心內容是……

學習究竟該學什麼？其實，我們該學的不是知識本身，而是學「解決問題的相關知識」，習「對知識深度思考和應用的能力」，這才是學習的核心內容。蜻蜓點水、一知半解式的學習是無效的。

成功學中有個關於喬．吉拉德（Joe Girard）的勵志故事。吉拉德是金氏世界紀錄認可的世界上最成功的推銷員，一九六三年至一九七八年間，總共推銷出一萬三千〇一輛的雪佛蘭汽車，他的銷售成績至今無人能破。這個勵志故事講的是吉拉德發名片的故事。

喬．吉拉德不論到哪裡，不論見到誰都要發名片。他會在餐廳把整盒名片給服務員，透過給服務員小費讓服務員幫他發；他經常在演講時撒名片；他會在比賽現場撒名片；……。

於是，很多人基於對這個故事的理解，也在一些場合到處發名片。但有用嗎？某次搬家，我抱著斷捨離的態度，把能扔的東西儘量扔掉，發現有個抽屜裡全是名片。我仔細看，發現自己不記得名片中九五％的人。至於平時常聯絡的人，我早把對方的聯繫方式存在手機裡。

得知吉拉德到處發名片，於是自己也到處發名片的人，顯然沒有理解這個故事的真諦。其實，吉拉德發名片是在宣傳自己以獲取流量，而流量越大，成交機會就越大。網路時代，透過發名片能給自己帶來流量嗎？

深度思考吉拉德發名片的行為，將其轉化為知識，再根據網路時代的特性，透過一些方式應用這些知識，從而獲得更多的流量，才是有效學習。

對大多數的內容產品來說，網路上各種高手所謂的知識，追根究柢是一種感覺，是一種體驗經濟、情感行銷，與人們真正希望有助於解決問題的知識，其實沒什麼關係。真正需要的知識，需要不斷攀登來獲取；真正需要的能力，需要不斷實踐來鍛鍊。終身學習，究竟該怎麼做？

1. 以問題為起點

生活很難讓我們像在學校裡，有系統地學好學完一種知識，然後坐在教室等著既定範圍的考試。大部分的時候，生活中會先碰到一系列待解決的問題，然後我們根據問題，找出關鍵字並開始學習。

所以，學習的起點不應該是某人在社群曬出的一本書，或是別人推薦的一篇文章，也不是由某行業的經典案例引發的內心焦慮，而應該是我們在現實中遇到的實際問題。為了解決問題而學習，會比為了緩解焦慮而學習更有用。

2. 明確計畫和安排

解決完為什麼學習的問題後，計畫和安排將解決怎麼做的問題。如果真想利用零碎時間，就制定學習計畫，合理安排時間。例如：用五分鐘能學到什麼，用十五分鐘又能學到什麼。

零碎時間非常適合用來學習工具類的知識，或某個特定知識點，例如：EXCEL的常用技巧、如何拍出好看的照片等這類可現學現用的技能。若是大量難理解的知識，是用連續的時間學習比較合適。

3. 捨棄無效的資訊源

除非有特別的社交需求，否則沒必要時刻關注社交軟體和手機APP，因為關注這些太浪費時間，而且過多資訊源會擾亂思緒。對無助於解決問題或實現目標的資訊源，應當果斷捨棄。

4. 有效地擴充學習資源

大部分人找資源，首先是上網搜尋，雖然快速，卻容易陷入困境，因為網路是無底洞，資訊特別多，如果這裡翻翻、那裡看看，可能幾天都得不出結果。其次是買書，這也存在問題，因為一般人至少需要一週，才能將一本書的內容全部消化完，而且前提是選對書。

資訊爆炸的時代，資訊多到讓人難以負荷。所以，有效擴充學習資源，最重要的絕不是增加資訊，而是篩選和刪除資訊。有效擴充學習資源的步驟分為四個。

第1步 請教有經驗的人，讓他根據問題，指點清晰明確的建議和方向。

第2步 找到所處領域的標竿，學習他們怎麼做。

第3步 透過網路，搜索資料和書籍的總結、評論。

第4步 有系統地看書。

5. 遵循127法則

所謂127法則，是指人們掌握一種技能，需要用十％的時間學習知識，二〇％的時間與人溝通和討論，七〇％的時間練習和實踐。

碎片化學習或許對學習知識非常有用，但是與人溝通和討論、練習和實踐，需要花大量時間進行系統化學習。由此可見，碎片化學習永遠只是系統化學習的輔助，我們需要留出足夠的時間思考和練習。

12 燈塔法則

為了實現目標，聚焦在累積勢能的事

燈塔法則：每個人心中要有一座燈塔，才能確實找出可以累積勢能的路。

燈塔屬於地標性建築，既可以表明位置，晚上還能為船隻指引方向。人也需要燈塔，指引自己前進的方向。在時間和資源有限的情況下，一定要做從長期來看對自己更有價值的事。短期來看美好的事，也要為長期來看更有價值的事讓路。

什麼是長期來看更有價值的事？就是符合自身規劃，能為我們實現未來目標，累積勢能、競爭力或能力的事。

❖為了抓住機會，提前儲備實力

有朋友很羨慕我，因為我一開始創業就有回報，打造個人ＩＰ也進展順利。當初與我差不多時間創業的幾個朋友，有的已經撐不下去，重新找工作。同樣付出努力，為什麼有的人獲得回報，有的人卻不能？能否獲得回報難道只能聽天由命嗎？我認為機會總會留給有準備的人。

什麼叫有準備的人？就是在機會來臨前有足夠累積的人。我是為了做個人ＩＰ和寫書，才累積人力資源管理實戰相關內容嗎？當然不是，千萬別把因果關係搞反。

我的十幾年工作經驗讓我養成總結、歸納及整理的習慣。在職場時，為了讓同事做好工作，我一直勤於整理各個環節的工作標準，每週都會花兩小時在部門內授課。

有一年公司申報獎項，要求每個部門提交資料。當時一個世界頂級團隊在我們公司做專案，我帶著這個團隊，用了一個多月，沒日沒夜地梳理公司的人力資源管理體系。單印出那一次申報用的PPT，就能印成三本書，申報還只是簡單列出方法論。若把說明每個環節怎麼做的具體文字和表格，全部整理出來，出十本書都不止，所以我能寫出許多書。

我為什麼樂於累積知識？因為我覺得累積這些知識，對未來有幫助。有什麼幫助？那時候，我只是模糊地知道將來肯定用得上。我當初想過要把那些材料用來寫書嗎？講真的，想都沒想過。

大部分人都喜歡即時滿足，所以喜歡做能獲得即時回饋的事。但真正重要的，是提前累積自己的能力，而不是需要時才臨時培養。第一波趕上文字自媒體浪潮的人，是臨時學寫作後崛起嗎？不是，這些人大多以前就具備寫作能力。第一波趕上影片自媒體浪潮的人，是臨時學攝影後崛起嗎？不是，這些人大多以前就懂得怎麼攝影。

機會總會留給有準備的人，所以就算沒有即時回報，我們也要懂得提前累積。提前鍛鍊自己的寫作、表達、管理等通用能力，同時不斷累積專業能力，才能在機會來臨時抓住它。

小成功靠努力，大成功靠機遇。但當機遇來臨時，沒努力過的人很難抓住。

❖ 你是以自己名字命名的微型企業

我的表弟曾經找我訴苦，說他為公司付出很多，卻一直沒有加薪，他一氣之下提出離職，誰知公司竟然絲毫沒有挽留的意思，於是他真的離職。他應該是想尋求我的安慰，也許希望我說：「這個公司真是不近人情，不懂得珍惜你這個人才。」

但是我對他說：「這一定是你的錯，不要怪公司。公司不願意給你更高薪水，沒有意願挽留你，是因為你不夠優秀。你要做的是反思自己哪裡不足，而不是光抱怨公司。」

我經常聽身邊有些朋友說：「好羨慕你們高階主管，只需要動動嘴，把工作交辦給員工就行了，什麼都不用親自做。」

其實高階主管很脆弱。有一種高階主管每天做得最多的事，就是熬年資和做PPT。這種人在某些特定組織裡也許能活下去，但哪個組織能長期養這種人？這也是為什麼很多大公司裁員時，先裁高階主管。無論是高階主管還是員工，檢驗是不是人才的最大標準，是公司和人才市場的反應。公司想要拚命留住的、放入人才市場會引起爭搶的，才是人才。因此，要在職涯上取得發展，增強能力讓自己更有競爭力才是王道。

人人都是商人，是一個以自己名字命名的微型企業。既然自己是一個企業，就應該為如何產生令客戶認可的價值而努力，這就是商業品格、專業化。經營好自己，就是給客戶樹立「自己」這個微型企業的形象和口碑。

上班族都值得向計程車司機學習。在我看來，最不浪費工作時間的職業就是計程車司機，因為計程車司機會在工作時間全神貫注。

計程車公司與計程車司機的關係是承包關係，每位司機都要在一定的時間內完成規定任務，同時要為無法完成任務負責。除此之外，無論是天災還是人禍導致的汽車損傷，都需要由自己負責。他們的收入幾乎取決於市場，以及自身的智慧和勤奮。

計程車司機這份工作能激發個人的積極性。直接面對市場、任務與結果間的高度相關，讓他們明白什麼是自我責任。他們的薪水並非與時間直接相關，而是與其創造的價值有關，例如：某個計程車司機即使天天開著車到處跑，如果沒有乘客，就沒有收入。

很多員工熱衷打聽同事的薪水和獎金，並與自己的做比較。

如果感覺不公平，就將負面情緒帶到工作中，透過消極應對工作，從心理上尋求平衡，這其實是錯誤做法。正確做法是繼續做好自己的工作，若覺得獲得的回報不符自身價值，可以向相關主管或老闆反映。如果主管或老闆不認可自己的看法，可以選擇離職。

不過，放棄承擔自己的工作責任，是商業品格的缺失，因為很多人認為自己只是在為公司做事，而沒有用商業品格的標準，看待所謂的公平。由於消極，自己創造的價值和自身應獲得的成長都被削弱。長期下來，遭受最大損失的往往是自己。

把視野放得寬一些，每個員工都不完全屬於公司，所有人都是社會人，要以社會標準來衡量自己。之所以能到公司任職，是因為公司尊重我們的選擇和才華。同樣地，我們選擇公司，也是認為公司會帶來機會、成長及價值。

我們要以社會公平報酬體系而非感覺，衡量自己的付出與回報。當勞方或資方認為彼此不能為對方提供想要的價值時，可以和平分手。當雙方能為彼此提供想要的價值時，也可以重新合作。

商業世界裡，價值永遠擺在第一位。在職場中，想要獲得更多薪水、更高職位、更大發展空間，只有一條途徑，就是不斷讓自己變得更有價值，而非將命運交給公司或老闆。只有自己先成長、工作更高效、創造更大價值，才有可能獲得自己想要的東西和更多選擇。

❖目標層層分解，化為具體任務

有位朋友對目前工作隱約有些不滿，想尋求改變，但不知道該怎麼做。她想做自媒體，透過做大自媒體流量改變現狀，於是開始經營社群。自媒體做起來後再做什麼？她沒想好，只覺得可以做一些與自己工作相關的事。

這個朋友若一直保持這類想法，很難發生改變。先不提把自媒體做起來要有清晰定位，也要付出大量時間，而單說把自媒體做起來後，往哪個方向發展，她只有抽象的想法。

當想法過於抽象，無法落實到具體目標時，人們不知道具體該做什麼。**當人們不**

知道具體該做什麼時，最後可能什麼都不做，或是胡亂做一些看似相關的事。

這就是為什麼很多人看似有理想，卻難以實現的原因。如果目標不具體，那麼規劃就無法具體，任務跟著無法具體，行動也無法具體，結果是不知道自己到底應該做什麼。

雖然長期目標比較遙遠，但可以將其具體化，再分解到不同行動中。要做到這一點，我們可以學習企業經營管理中的策略地圖法。

舉個例子，中國有個大型連鎖藥店經過十幾年快速發展，已成為全國排名頂尖前的連鎖藥店品牌。這家公司在發展過程中制定長遠目標時，運用策略地圖法，將策略目標層層分解，逐步施行，最終落實到具體行動，取得優秀經營成果。這家公司某年度的策略地圖，如下頁圖表3-2所示。

持續強化行業內的領先地位，是該公司老闆提出的願景。這個願景比較模糊，需要轉化為具體的任務和行動。這些具體任務分屬四個層面。

1. 財務層面

要實現「持續強化行業內的領先地位」的願景，最重要的目標是擴大收入規模。作為藥品行業的連鎖零售企業，該公司首先需要在銷量上下功夫，制定出具體的銷量目標，拓寬收入基礎，同時必須保證公司具有一定的定價能力。

再來是優秀的獲利能力。只有當獲利能力得到保證，公司才能在收入增長、資金保證兩方面達到理想的均衡狀態。制定出具體的利潤目標後，要增強獲利能力，必須在成本控制、資產效率上下功夫。

穩定的資金鏈關係到該公司的安全和平穩，是公司發展的基本保障。因此，必須透過拓展融資管道和改良資本結構兩種方式，完善資金鏈。

2. 顧客層面

為了在財務層面上擴大收入規模，該公司要在顧客層面做足兩方面的功課：一方面透過提高市占率，保證公司整體的收入基礎；另一方面透過創造客戶價值，保證公司銷售的定價能力。

在提高市占率方面，透過完善銷售品項和門市數量兩方面來實現。在創造客戶價

圖表3-2 某公司某年度策略地圖

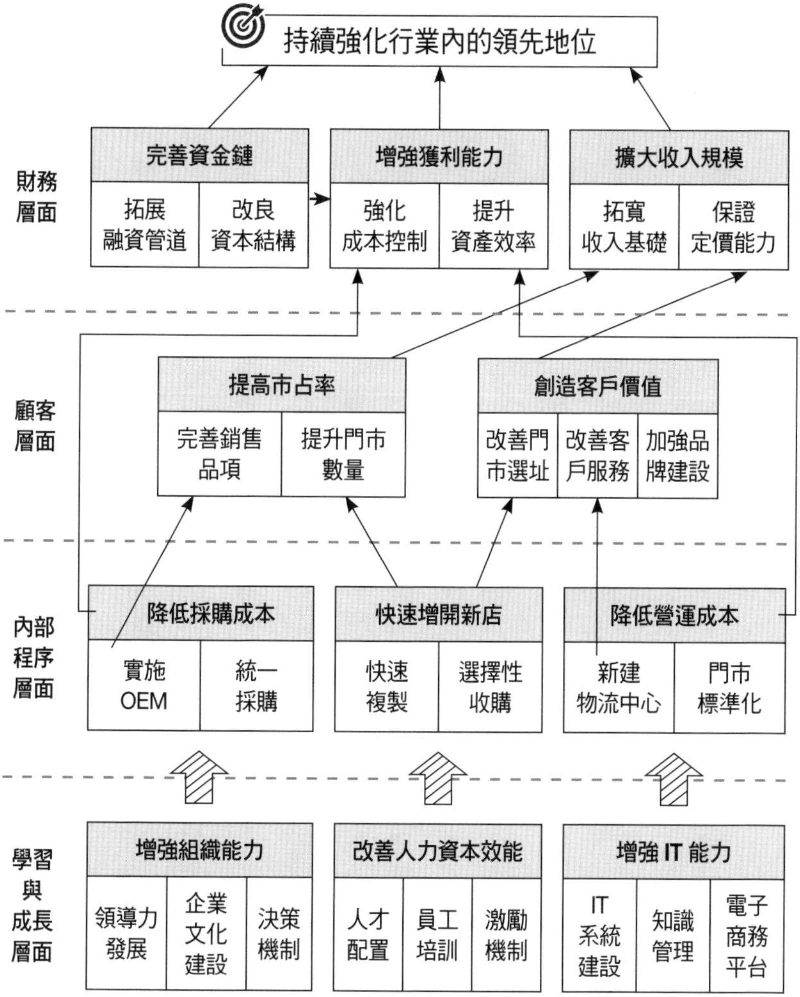

值方面，則透過改善門市選址、改善顧客服務、加強品牌建設三方面來實現。

3. 內部程序層面

為了實現顧客層面的提升門市數量和改善門市選址的目標，該公司必須在內部程序層面快速增開新店。在門市擴張方面，不採取連鎖加盟的形式，而是全部自營。一方面實現自身的快速複製，另一方面進行選擇性的收購。

財務層面要求的強化成本控制，在內部程序層面可以透過降低採購成本、降低營運成本兩方面來實現。在降低採購成本方面，該公司透過實施代工（Original Equipment Manufacturer，簡稱ＯＥＭ）和統一採購兩方面來實現。在降低營運成本方面，則透過新建物流中心和門市標準化兩方面來實現。

4. 學習與成長層面

為了對財務層面、顧客層面及內部程序層面形成支援，該公司需要在學習與成長層面，做好增強組織能力、改善人力資本效能、增強ＩＴ能力三方面的工作。

增強組織能力展現在領導力發展、企業文化建設、決策機制三方面。改善人力資本效能展現在人才配置、員工培訓、激勵機制三方面。增強ＩＴ能力體現在ＩＴ系統建設、知識管理、電子商務平台三方面。

分解這家公司「持續強化行業內的領先地位」的願景，將抽象概念轉化為明確行動。每個人在制定自己的長期目標時，可以採取類似方法，具體規劃目標。

本章重點整理

- 簡單率直、誠實溝通，是高效的做事方法，也是職業發展的捷徑。
- 如果遇到瓶頸，有時問題在於知道得太少。不斷學習，用輸出反推輸入，並拉伸延展知識體系，才能讓自己越來越進步。
- 不僅要終身學習，更要在學習過程中判別知識品質，挑選有價值的知識學習。胡亂瞎學只會越學越笨。
- 機會總是留給有準備的人。不斷累積勢能，提升專業知識，規劃具體目標，並如實執行，才能在機會來臨時牢牢抓住。
- 每個人都是以自己為名的微型企業，我們要以社會公平報酬體系而非感覺，來衡量自己的付出與回報。

NOTE

/ /

第 4 章

遇到難關時，與人合作共贏逆轉勝

每個人在成長過程中，難免遇到挫折，陷入逆境，也可能因為別人的眼光或意見，一時迷失前進方向。不一樣的心態，讓人們選擇駐足停留或繼續前行。成長的終點不是自己變得強大，而是掌握正確心態，遵循好的信念和意見，與周圍的人共同成長，創造更大的價值。

13

信念法則

想成為誰、達成什麼事，先堅定意念

信念法則：信念是人們做事的動力，能否達成一件事情，與自身信念有很大的關係。

如果人們堅信某事能成功，成功機率更大。如果人們不相信某事能成功，成功機率幾乎為零。無論我們想成為誰，想做什麼事，首先要有信心。

❖擁有自信，邁出成功的第一步

我小時候的學習成績一直不太好。我知道自己不笨，只是對學習不感興趣，曾經嘗試好好學習，但沒什麼效果。眼看接近高中升學考試，家人憂心我的學習成績，苦口婆心地跟我講道理，我卻充耳不聞。那時我自認很難專心，所以不適合學習，況且每個人都有自己的優勢，只是我還沒找到。因此，我當時有一搭沒一搭的學習，也不相信付出努力後，學習成績會變好。

有次，奶奶與我聊了我的成績，見我心不在焉，於是教我做一個想像遊戲，讓我有了新發現。讀者可以嘗試看看。這個遊戲分三步（見下頁圖表4-1）。

第1步 確實做好心理準備。這五分鐘內，你需要最大限度地保持專注，保證自己不被任何外界的人或事打擾。

第2步 雙手合十放在胸前，讓兩個手掌的下端對齊，兩根中指也要對齊。這一步要反覆驗證，確認手掌下端和中指是否對齊。多數人在兩個手掌的下端對齊時，中指也能對齊。手指長短不一沒關係，只需要保證手掌下端對齊，然後記住此時兩根中指的長短狀態。

第3步 閉上眼睛，想像左手的中指一直變長、一直生長，並在心中不斷默念「變長、變長、變長」，也可以直接念出來。

圖表4-1　想像遊戲

第 1 步

第 2 步

第 3 步

第3步很關鍵，心中想像自己的左手中指不斷地變長，想像中指的骨骼生長、延伸，想像它越來越長、越來越長、越來越長。在這五分鐘，要保證自己不被任何人或事打擾。這時候一定要堅定信念、要專注並堅信自己的左手中指在生長、變長。做完這三步後，再次比較兩根中指的長度，你會發現什麼？

我看著左手中指，驚訝人的信念竟能如此強大，手指似乎真的變長了。這讓我覺得，或許自己可以像資優生一樣考出好成績。怎麼做？只要我在學習時，可以與跟做這個遊戲時一樣專注，並且堅信自己能學會且考好。抱著這樣的信念，我開始嘗試用功學習，後來成績越來越好。

人生中，很多事能不能成功，**首先要相信自己能成功。**

❖ 不只雄鷹，蝸牛也能登上金字塔

北京新東方集團創辦人俞敏洪曾說，相較於其他菁英，他只是一隻緩慢爬行的蝸牛。不過，他憑著堅忍不拔的韌性，順利渡過每個難關，如今在英文培訓領域佔有一席之地。俞敏洪曾在文章中講述他的經歷。

俞敏洪參加過三次大學入學考試。一九七八年第一次落榜後，他在家裡幫忙插秧、割稻，做了幾個月。後來，他國中的英文老師請產假，找不到人代課，校長聽說他考外文，問他能不能教國一的英文。當時，老師的月薪是二十多元，這個待遇在農村很高。於是，年僅十六歲的他成為代課老師。

他一邊代課一邊複習，八個月後，一九七九年的考試開始了。這一年，他的總分雖然超過錄取分數，但英文只考了五十五分，而他想考的師專英文需要六十分，於是他再度落榜。這時英文老師也生完孩子回學校，他只好再次回到農村。

第三次複習變成全職脫產學習（注：中國成人高等教育的一種學習形式，全天學習，時間固定）。他早上帶領同學晨讀、背單字、背課文、做題、討論，晚上熄燈後，再一起拿著手電筒在被窩裡背單字。這個班一九七九年十月中旬開課，到隔年春節時，他的成績還在倒數第十。當年寒假放了一個禮拜，他整天背課文，一天也沒漏。到了三月份，他的成績變成全班第一。在一九八〇年的考試，他考了三百八十七分（當年北大的錄取分數是三百八十分）。

在北大期間，他一直對兩件事感到沮喪，第一是普通話不好，第二是英文水準一塌糊塗。大學畢業時，他的成績依然在全班最後幾名，不過他有一個健全的心態，雖然沒有同學聰明，但贏在能持續不斷地努力。

畢業典禮上，他說了一段話，讓同學印象深刻。他說：「我是我們班排名後面的同學，但是我想讓同學們放心，我絕不放棄。你們五年做到的事情，我做十年，你們十年做到的，我做二十年，你們二十年做到的，我做四十年。」

有個故事說，能到達金字塔頂端的只有兩種動物，一種是老鷹，一種是蝸牛。老鷹靠自己的天賦和翅膀就能飛上去。北大有很多老鷹式的人物，有的同學在學習上以普通努力的程度，就能達到高峰，很輕鬆地從北大畢業後，又進入哈佛、耶魯、牛津、劍橋等世界名校繼續深造。蝸牛只能緩慢得爬上去，從最底下爬到最上面可能要

一、兩年，但在金字塔頂端，人們也確實找到蝸牛的痕跡。

俞敏洪一直都把自己比喻成一隻蝸牛。他一直在爬，也許還沒有爬到金字塔的頂端，**但只要不停地爬，就足以留下令生命感動的痕跡。**

馬和駱駝這兩種動物中，俞敏洪比較喜歡駱駝。馬做什麼都比駱駝快，但駱駝一生走過的路是馬的兩倍。俞敏洪說，人應具有駱駝精神，而不是駿馬精神。品種再優良的駿馬，即使馬不停蹄地跑，也總有一天會停止。駱駝要走完沙漠中的漫漫長路，則需要有非凡的韌性，並且始終相信前方一定會出現綠洲。

俞敏洪曾在一個電視節目講過一個關於麵粉的道理。一堆麵粉放在桌上，手一拍，麵粉就散了，就像多數人面對挫折的心態。但如果往麵粉裡加一點水再拍，麵粉就不容易散開。如果再加點水揉一揉，麵粉會變成麵團。這時候，不管我們怎麼拍，它都不會散，而且不會被輕易地扭斷。我們具備這樣的韌性，才能在社會上生存。

❖ 透過自證預言，活出不同命運

什麼樣的信念就會有什麼樣的行為，不同的信念導致不同的成就。當一個信念限制我們更好地提升，獲得更多可能性，取得更多收益時，這個信念就是限制性信念（limiting beliefs）。這種信念限制一個人的行為，當認為一件事不可能時，就不會採取行動，自然不會有好結果。

在印度，大象是用來搬貨的工具。當大象不需要工作時，工人會用一條很細的繩子，把一頭近五噸重的大象牢牢鎖在一旁。大象既不掙扎，也不叫喊，只會乖乖地安靜站著。為什麼？其實繩子不在大象身上，而是在大象腦中。

趁大象幼小時，馴象師會用一條很粗的鎖鏈把小象套住，經過長期訓練，小象在腦海中形成一個信念：我不能夠逃跑。這個信念深深烙印在它腦中，它即使成年後能輕而易舉地扯斷繩子，也不曾嘗試。

每個人在成長過程中，或多或少都會被類似的繩子綁住，就像那頭大象，很多限制性信念一直悄悄影響人生。當我們聽到有人說「你做不到」，經常會信以為真。這些人可能是父母、師長、比較親密的同學、朋友，甚至是自己。

小時候我的學習成績不好，但在其他事上異常自信，相信自己能做出一些常人做不到的事。父母認為我是一個不切實際的人，一直教育我要腳踏實地。我是幾個朋友中遊戲玩得最好的人，這讓我在遊戲上非常自信。暴雪娛樂公司（Blizzard Entertainment）的經典遊戲《星海爭霸》讓即時戰略遊戲爆紅，我看表哥玩一遍就上手，後來我都獨自對戰兩個人。上大學後，我喜歡玩《魔獸爭霸III》，我也是一打二。然而創業失敗加上幾次被騙的經歷，讓我徹底失去自信，覺得自己是天底下最笨的人。後來事業穩定發展，才又漸漸重拾信心。

我的第一本書出版後，朋友們紛紛送來祝福。其中有個朋友在她所在的領域裡，擁有出色的能力和充足的經驗，當她說羨慕能有自己的作品時，我回應說她也能，但她輕描淡寫回的一句話，讓我久久難忘。

她說：「我哪有那個本事啊。」

心理學中有個詞叫「自證預言（Self-fulfilling prophecy）」，指人們相信自己是誰，最後就會活成誰。不是因為人應該活成什麼樣子，而是人們自以為並活成預期中的樣子。我的朋友相信自己不能出書，即使她的能力足夠，依然覺得自己不能，這種「我不配」的心理障礙，就是自證預言搞的鬼。

寫書哥經常拿我當例子，說出書其實不難，只要有一定累積，靜下心總結，就算一開始文字表達能力差，也能透過持續出書提升。在寫書哥的社群中，也有不少從零開始、最後順利出書的人。

如果相信自己是螻蟻，就會活成螻蟻，而且為成為螻蟻尋找很多合理證據。如果相信自己是老鷹，即使沒有活成老鷹，但一定不會變成螻蟻。

14 個性法則

發揚自身特質，不必迎合負能量的人

個性法則：人要有立場及原則，維持自己的個性，不受外人及外物影響。

人可以在保持個性的同時，被別人喜歡，但永遠無法得到所有人的喜愛，因此不必為不喜歡自己的人改變，也不必在意散發負能量的人。保持和發揚個性，讓喜歡自己的人更喜歡自己。

❖人要有立場，不然站在哪？

世界上沒人能獲得所有人的歡迎。因此，我們不能有精神潔癖，要允許有一定比例的負面聲音。這個比例是多少？在培訓領域，十％以內都被認為正常。不要浪費時間，想辦法讓那些討厭自己的人喜歡自己，而是要想辦法讓那些喜歡自己的人更加喜歡。

英國第一位女首相，人稱「鐵娘子」的柴契爾夫人說：「人要有立場，不然站在哪呢？」人只要有立場，就注定有人喜歡，有人不喜歡。對我來說，我選擇一種風格和內容，意味著放棄其他風格和內容，所以我做不到讓每個學員喜歡。

我想大家都聽過「父子騎驢」的故事，這個故事說明，**你永遠無法滿足所有人**。正如柴契爾夫人所說：「如果你的出發點是討人喜歡，你要準備在任何時候、任何事情上妥協，這將讓你一事無成。」

當然，並不是要每個人都固執己見，而是不必太在意負面聲音。你可以根據場景調整行動和做法，但不必為了盲目迎合負面聲音，而做出不適合的改變。變來變去很容易失去方向、弄丟個性，但是討厭你的人不會因此喜歡你，喜歡你的人反而因此流失。

此外，還有另一種討厭你的人，我稱為「負能人」。所謂負能人，是指存在很多負能量，需要找個地方發洩的人。這類人充滿沮喪、憤恨、不滿、算計、抱怨、嫉妒、仇視、煩惱、報復、絕望等負能量。

這種人無論看到誰都想要發洩負能量，當我們經過他們時，負能人會想盡辦法把負能量往我們身上丟。負能人的宗旨就是把負能量傳遞給別人。

我一開始在網上發文時，很在意網友的留言。看到留言對我惡言相向，我一定要和他們辯個高下，結果評論區淪落成「打嘴砲」的地方。我甚至把嘴砲的前因後果寫成一篇文章發出來，結果對方詞窮，我沾沾自喜地覺得自己贏得勝利。回過神來，才發現自己為了「贏」，查閱資料、引經據典，竟然浪費好幾天。我真的贏了嗎？

人容易被小我控制，想與他人爭個輸贏。在這種抗爭中，我們不自覺給自己灌注負能量，灌注越多，越難抽身。這無助於發揚個性，甚至會引人走到錯誤的方向。和負能人認真，損失的只會是自己。有智慧的人絕不會讓負能人掌控自己生活的一絲一毫。面對負能人，我們不必在乎這些人是誰，也不必受他們影響，應當關心我們自己是誰，保持和發揚自己的個性，讓喜歡自己的人更喜歡。

❖ 改善是看優點，批評是盯缺點

人有兩種思維，一種是改善思維，一種是批評思維。批評是為了改善嗎？有時候是，有時候不是。尤其當批評來自討厭我們的人，很明顯不是。改善思維多是盯著自身優點，希望自己更好；批評思維則是盯著自身缺點，不斷強調缺陷。

有次我講課，主辦方說聽課的大多是新手，於是我將內容設計得比較基礎，然而有人聽完課後說內容太淺了。另外有一次，主辦方說聽課的都是經理級以上的人，於是我將內容設計得較有深度，然而有人聽完課後說聽不懂。

這兩次課結束後，反映問題的人多嗎？不超過五%。而且根據內容和受眾的定位，這顯然不是我的問題。如果主辦方抱著批評思維，批評我的內容有問題，我該怎麼辦？

如果我為了迎合所有人，講課內容包羅萬象，所有人就滿意嗎？不僅不會，而且不滿意的人大概會更多，因為內容沒有重點、沒有立場。

知識學習平台「得到APP」的《邏輯思維》，早期在講任何話題時，會從多個角度開講，最後不給出立場，讓聽眾自己思考。這是早期的內容定位，讓人接觸多元思考模式，從不同角度看問題。

後來，得到APP創辦人羅振宇，在節目中說起時代之父亨利・盧斯（Henry Luce）創立《時代週刊》的故事。《時代週刊》是非常成功的中產階級讀物，客群與得到APP的很像。《時代週刊》有個特點，那就是每篇文章都有明確的主張、觀點和態度，有自己的立場。

羅振宇表明，雖然《邏輯思維》以多角度分析，但也要有鮮明的觀點，不能總是做中間派，即使可能引發一些不滿，但相信多數聽眾還是會理解和喜歡。後來，確實有些聽眾說它不如從前，有幾期的主題還引起爭議。但反過來看，當時一直喜歡《邏輯思維》的人更喜歡了。或許，不喜歡的人不論怎樣都不會喜歡。

還有另一個發生在我身邊的事。

我以前有個女同事，她進入公司時大學剛畢業，聰明伶俐，工作勤快，非常有潛力。我曾有意培養她當儲備幹部。

一年後，我發現她在工作中明顯鬆懈。一次面談中，她和我談起一個老同事。那個老同事欺負她是新人，不僅平時排擠她，把髒活累活都給她做，明明大部分工作都是她完成的，但那個老同事不僅占功，還將責任推給她，並列舉各種證據。

我勸她別把心思用在人與人的勾心鬥角，把心思用在增強個人能力上，盯著自己的職涯目標，那些沒安好心的人終究會被淘汰。半年後，我將那個排擠她的老同事「請」出團隊。但她的工作狀態不僅沒改善，還每況愈下，我發現她學會混水摸魚、敷衍了事。我只能默默將她移出儲備幹部的行列。

不久，一個新來的年輕人找我訴苦，說他被老同事排擠，明明做了大量工作，功勞都是老同事的，責任卻都是他的，並列舉各種證據。那個排擠他的老同事，正是她。

她活成自己最討厭的樣子。不久後，我也將她請出了團隊。

每個人都有自己的立場、風格、個性，如果我們總是抱著批評思維做事，總是特別在意來自周圍的批評，把注意力放在討厭的人身上，將很難找到方向。我們要做的是，把注意力放在壯大自身，而不是放在自己不想要、不喜歡的方向上。

如果大家都在一個水平競爭，互相討厭、互相傷害，最後誰都過不好。如果我們不受別人批評影響，專心改善自己，用不了幾年再回頭看，就會發現自己遠遠拋下仍在批評的人。

❖ 錢可以少賺，但不可放棄原則

有年年底，一家合作機構的老闆與我商量，想將分潤制的合作變成買斷制，因為他們後來的合作都採用買斷制。之前，這家機構銷售我的線上課程，我能分一半的報酬，現在他們想一次性買斷版權，如果我答應，以後這套課程的營收就與我毫無關係。

我向機構老闆報價十萬元，約等於我銷售兩百份後應得的報酬。老闆不能接受，因為在同種產品方面，他只需一萬兩千元就能買斷版權。

談合作意願時，這家機構的老闆就已談過買斷版權的事，但被我拒絕。幾輪溝通後，他才同意採取分潤制進行合作，並且簽下合約。合約對合作和分潤模式規定得清清楚楚，他為什麼又想變更合約？

這家機構掌握很多資源，一般講師大多不敢得罪機構。而且，這套課程專門為這家機構開發，課程使用的ＰＰＴ還特意加上這家機構的ＬＯＧＯ。也就是說，這套課程在別的平台和場合不能用。如果這家機構不繼續合作，我的努力相當於白費。

另外，我和這家機構簽的合約中，關於變更合作方式的部分寫的是「友好協商」，目前這種情況不能說對方沒有友好協商，無法咬定機構違約，難以維護權益。而且，課程在機構手裡，即使維護權益，也是自討苦吃。

維護權益有損失，不維護也有損失，而且我和機構不是只有線上課程的合作，還有實體課和諮詢專案的合作。如果沒處理好，我與這家機構的所有合作都將終止，損失很大。該怎麼辦？

多數講師的做法是勉強和機構協商出一個價格，然後怪自己遇人不淑，自認倒楣。一開始我也非常苦悶，埋怨這家機構，後來我發現是自己的思路不對。商業世界難免遇到這種情況，我應該思考的是要不要堅守原則。

我的思考是，這件事上我可以不賺錢，但不能失掉做事原則，不能丟了底線。這家機構以後可能會在其他合作上，做出類似行為，而且一定有第二個、第三個機構，做出類似行為，我不能一味妥協下去。**我們做出的每個選擇，決定我們是什麼樣的人，也決定別人會怎樣對待我們。**一味地妥協和忍讓，只會讓別人得寸進尺。

最後，我沒有接受這家機構提出的任何繼續合作條件，也不再與這家機構有任何合作。對於為了利益出爾反爾的人，即使有繼續合作的可能，我也不屑為之，因為原則和底線問題不容侵犯。

15 退路法則

做事給自己留後路，就不會義無反顧

退路法則：當人把自己逼到無路可退，反而可以更加投入於把事情做成。

如果還有退路，人永遠不會義無反顧。破釜沉舟不是一種策略，而是一種精神。這種不留退路的精神往往能激發人的潛能，讓人更容易把事情做好。

❖ 必須達成時，最重要的是該如何做到？

我在辭職創業前，思考很久未來到底要做什麼。即使在人力資源管理領域，也有很多選擇，例如：不斷跳槽刷資歷；加入管理諮詢公司成為諮詢顧問；加入培訓公司擔任全職講師；從事獵人頭工作。

這麼多選擇的背後，有個核心問題：我要當上班族還是創業？經過一番思考，我選擇創業，希望實現自我掌控。我在第三本書出版時辭職，為什麼不等勢能累積夠多後再創業呢？

- 我如果繼續待在企業，永遠都有退路，即使失敗也有薪水。我破釜沉舟讓自己沒有退路，才會義無反顧地前行。不逼自己一把，怎麼知道能做到什麼程度？
- 當上班族要花時間做好本職工作，不能全心全意地創業。我寫完第三本書後，決定至少再寫三十本書，寫遍人力資源管理，這需要大量時間，不能只用零碎時間。

我這種做法適合所有人嗎？不適合。

如果一個社會新鮮人問我是否應該創業，我一定不建議這麼做。因為新鮮人的社會經驗尚淺，就像我以前覺得自己挺厲害，結果被社會毒打一頓。如果一個人在某個領域有十年以上的紮實經驗，但遇到瓶頸，問我是否應該創業，我也不建議這麼做，因為創業要承擔養活自己的責任。就多數人的情況而言，創業成功率不到五%，公司平均壽命只有兩、三年。

一個人若還要問別人「我是否該創業」，而不是自己早有覺悟，並下定決心，那麼最好別創業。一心想把事情做好的人都不一定能成功，更不要說猶豫不決的人。

有一種人想做什麼、不想做什麼，自己都不清楚。有一種人清楚自己想做什麼、不想做什麼，但遲遲不願意行動。我是在想清楚自己該做什麼後，馬上行動。

很多人在思考：「我想做成某件事，我能不能做成？」而我在思考：「我**必須**做成某件事，我**該**怎麼做到？」

❖ 逼自己一把，幸福就會來臨

人也許都是被逼出來。有一部根據真實事件改編的電影《當幸福來敲門》，講的是窮困潦倒的單親爸爸克里斯，因為事業失敗而無家可歸，卻要撫養年僅五歲的兒子。為了兒子，他重新振作，終於皇天不負苦心人，成為知名企業的金融投資家。

克里斯始終相信：只要今天夠努力，明天幸福就會來臨。因此，他不得不提著沉重的醫療儀器四處推銷；不得不時時擔心兒子；不得不義務粉刷牆壁，因為付不起房租；不得不全力以赴地實習，哪怕沒薪水，哪怕不確定會被錄用；不得不在警察局過夜，因為沒錢繳罰單；不得不抱著兒子在廁所過夜，因為無處可去；不得不在下班後狂奔，只為獲得進收容所的機會；不得不在被車撞後，立刻爬起來跑回去工作。

在經歷這麼多的不得不之後，克里斯最後在獲得工作機會的那一刻，感到莫大的幸福。這幸福是被逼出來的。

不少書籍和培訓教人們如何管理時間、將要事放在首位、集中精力、做出抉擇。也許那些方法、規則或技巧只有一時有用。也許**最有效的方法是逼自己，把自己逼到無路可走**。那時我們沒得選擇，不得不做好當下能做、應做的事。

當然，一定的壓力能激發人的潛能，但過度的壓力會讓人喘不過氣。當壓力過大時，我們要讓自己冷靜，想出有效的方法應對，而不是怒不可遏、滿腹牢騷。一翦寒梅之所以能綻放，不是因為春天來臨，而是源自自身的堅毅。

❖賈伯斯的成功，源自華麗的失敗

不知道你是否遇過以下幾種人。

- 想要跳槽，但是害怕破壞在老公司的形象，害怕無法適應新公司的氛圍，害怕在新公司工作一段時間後，仍然沒前途和錢途，仍然不開心，可能再度跳槽。最後還是算了，將就著繼續做吧。
- 想來一場說走就走的旅行，但是害怕請假後，自己的工作沒人管，害怕因此丟了工作，重新找工作又很困難，害怕想去旅行的地方不像別人說的那麼美。最後還是算了，在網上找圖片來場線上旅行吧。

- 想向心上人告白，但是害怕他／她可能有對象，害怕自己不是對方喜歡的類型而被拒絕，害怕主動告白的自己在未來成為伴侶關係中的被動。最後還是算了，繼續暗戀吧。
- 想寫一本書，但是害怕寫出來後，沒有出版社願意出版，害怕出版後，沒有人願意看，害怕被嘲笑文筆。最後還是算了，把才華都藏在日記本裡吧。

很多人畏畏縮縮不敢改變，是因為懼怕失敗，怕努力後沒有結果，怕被失敗擊垮。**其實失敗根本不存在，只是人們定義的一種感覺。**與其說害怕失敗，不如說害怕別人看低自己，這在本質上是一種虛榮心理。如果我不行動，失敗了還有藉口；如果我採取行動，失敗了便無地自容。由於選擇行動後，別人可能會看輕自己，這不安全，因此不行動比較好。

在矽谷，失敗被認為是一種榮譽動章，因為一個人沒有失敗過，代表他不敢嘗試。如果沒有經歷大失敗，就不會有遠大目標。

蘋果公司創辦人史蒂芬．賈伯斯（Steve Jobs）曾說：「成功源自華麗的失敗。」

透過閱讀賈伯斯的相關傳記，我對他有更新的認識。

賈伯斯三十歲時，被蘋果董事會從他創立的公司中趕走。這是賈伯斯神話中最悲情也最傳奇的一幕。當時，賈伯斯不是一個好的CEO，他的確在產品和行銷上有過人之處，但是他有「很難被管理」的問題。連一心想要與賈伯斯維持良好關係的約翰．史考利（John Sculley），也很難與他共事。

後來，矽谷創投家亞瑟．洛克（Arthur Rock）曾說：「對於史蒂夫來說，最好的事情就是我們解雇他，叫他離開。」許多人認為，這種嚴厲的愛讓賈伯斯更明智，更成熟。

但事情並非如此簡單。賈伯斯離開蘋果後，在自己創建的新公司裡，沒有董事會和合作者的約束，變得自由了。他可以將自己認可的東西做到極致，釋放自己的所有天性，比如對設計的偏好、對封閉的狂熱。他設計一系列炫目的產品，但獲得的是在市場失敗的重挫。這些挫折讓他認識到完美主義的弊端，從而成為更好的CEO。

賈伯斯總是愛說「Nothing to lose」。他曾建議年輕人，年輕人最大的優勢就是什麼也沒有，所以什麼也不會失去，要趁著年輕去做一番事業。

賈伯斯在皮克斯（Pixar）公司時，曾說：「我也不想失敗，我做事情前也有很多顧慮，要考慮這對皮克斯有什麼影響，會不會影響我的家庭和名譽。我最後決定去做，因為這是我想做的事。如果我盡了自己最大的努力卻失敗了，至少我已盡最大的努力，結果最壞又能壞成什麼樣呢？」

行動者的偉大不在於沒有畏懼之心，而是在於害怕的同時，以害怕為糧繼續前進。正如特斯拉創辦人伊隆．馬斯克（Elon Musk）所說：「如果恐懼是不理性的，那麼你應該忘記它。如果恐懼是理性的，而且風險確實很高，那麼你應該正視它，並繼續前進。」

懂了這些道理，看過這些故事，做事就能一帆風順嗎？當然不能，坎坷和失敗是每個人都要經歷的過程。失敗是什麼？失敗是挫折與痛苦，但也是寶貴的財富。成功和失敗都會使人成長，**成功會讓人長出茂盛的葉，失敗能讓人長出結實的根。**

我有個姑姑是一家上市公司的高階主管，她曾在很多人生問題上給我意見。假設另一個平行宇宙中的我，一直聽她的話，避免掉人生中很多錯誤，也許會走上與現在截然不同的道路，發展應該也不會太差。但相應地，我也不會成為今天的我。

如果問我是否後悔曾犯下的錯？我會說不後悔。我相信，曾經的困難、艱辛或失敗，短期來看會帶來痛苦，但長遠來看一定會成為人生的寶貴財富。

安逸和平靜不會給我營養，不會給我帶來快樂。我只有苦過後更知道什麼是甜。難過後更知道什麼是易，痛過後更知道什麼是幸福。我在成長過程中繳了大量學費，有時間、金錢、感情、汗水，雖然傷痕累累，卻滿滿收穫。失敗會令我痛苦，但沒有痛苦就沒有改變的動力。

人的標籤可以被抹去，但抹不去的是失敗後繼續前進的勇氣。人可以被打倒，但打不倒的是勇往直前的精神。一切失敗都是為下次崛起而繳的學費。不要畏畏縮縮、害怕失敗，要放手去做，勇悍前行！

16 相容法則

包容範圍越大，工作和人際的發展越大

相容法則：要被更多人接納、認可，我們要先學會相容別人。

相容性決定市場空間，我們能容納的客群範圍越大，覆蓋的市場空間越大。相容性決定職場發展，我們能配合的工作種類越多，獲得的升職空間越大。相容性決定人際溝通，我們能包容的思想文化越多，建立的社交關係越廣。

❖ 為何要替別人保留犯錯空間？

我剛開始做人力資源管理諮詢，與企業老闆交談時，一旦發現企業的潛在問題，會毫無保留地告知企業老闆，有憑有據地說明正確做法。但是，我發現多數企業老闆

仍然採取原來的做法，直到問題爆發，才想起我的建議。管理諮詢很像看病問診，後來我常跟來諮詢的企業老闆說扁鵲三兄弟的故事。

名醫扁鵲有兩個哥哥，扁鵲說大哥醫術最好，二哥稍差，自己最差。別人不解，認為扁鵲謙虛。如果大哥、二哥的醫術都比他好，為什麼沒有他有名？

扁鵲說，因為大哥在病人的病情發作前就除根治病，病人不覺得自己生病，不認可他；二哥在病人的病剛發作，病症不明顯時，做到藥到病除，病人以為他只能治小病；而自己是在病人病情嚴重，心急如焚時治病，所以名聞天下。

我對那些老闆說這個故事的潛在意思是：「不要以為我說的建議不重要，潛在問題雖然沒發生，但必須調整，不然會出事。」結果，多數企業老闆依然等到問題爆發才知道調整。

我有個壞習慣，喜歡把杯子隨手放在桌子邊緣，杯子很容易不小心被碰掉。在我這個習慣沒有造成任何損失時，我的妻子就跟我說過多次，但我從未在意。有一次因為這個習慣而打碎她買的一個高價玻璃杯時，我才意識到必須改掉這個習慣。

有些領悟只有親身犯過錯才能體會。或許這就是人在成長過程中該有的經歷，也是為什麼企業老闆總是等出事才想起我的建議。這也讓我反思在給別人建議與對待別人建議方面，要懂得配合對方的感受。通常有以下三種做法。

1. 站在對方的立場體會建議

當別人給自己建議，學會站在對方的立場體會建議。重視專業人士的建議，因為對方很可能已經經歷過我們當前的狀況。對於值得信賴的過來人，直接聽取建議勝過自己慢慢試錯。

2. 為別人保留犯錯的空間

如果犯錯成本不是高到無法忍受，可以為別人保留犯錯的空間。畢竟別人沒有經歷過，認知無法與我們同理。有些情況下，我們甚至可以主動為別人創造犯錯機會，讓他在錯誤中感受，主動尋求改變。當然，前提一定是犯錯成本在合理範圍內。

3. 給自己留下犯錯的空間

當沒有人給我們建議時，我們可以勇於嘗試，不要怕犯錯，不必對自己要求過高，沒必要在曾經的錯誤裡過於鑽牛角尖。沒有人是完美且全知全能的，犯錯本來就是成長不可避免的經歷。

配合對方，更容易讓對方聽進建議。如果只在自己認知基礎上自說自話，更容易與對方形成對立關係。

❖ 改變執念，提升自己的相容性

與寫書哥開啟圖書出版外的合作後，他曾多次建議我詳細說說自己的成長故事。一來可以讓更多粉絲好好認識我，二來可以為更多年輕人的成長提供參考。一開始，我十分抵觸這件事。我是嚴重的實用主義者，只關注做的事有沒有用。

我固執地認為，別人根本不關心我是誰，只關心我能帶來什麼。這份固執讓我提供的內容和產品比較實用，聚焦於解決實際問題，但也讓我的合作少了人情味。我一直覺得，精力應該用在為人提供有用的東西，我又不是大咖，沒人會在乎我的成長故事。這也是我向別人學習時的心態，我不管表達者是誰，只關心他講的內容對我有沒有用。若有用，三歲小孩的話我也聽；若沒用，再大的咖我也忽略。

後來，有一次我和寫書哥聊起我的想法，他說：「得先讓別人認識你，別人才願意聽你說。」我忽然意識到，我的想法沒有錯，但寫書哥也是對的。因為人有很多種，有的人和我一樣，更關注事，只想聽對自己有用的；有的人則相反，更關注人，只有瞭解這個人，才聽得進這個人說的話。

對很多人來說，誰都能講有用的道理，但為什麼要聽張三講，而非聽李四講？僅僅因為張三做得更好嗎？這只是原因之一，更重要的是因為對張三有更深刻的認知。對一個人的認知越深，與他的距離就越近。

怎樣讓別人認識自己？**最有效的方法是總結自己的關鍵事件**。我們為何熟知孫悟空？是因為他有生於石頭、拜師學藝、龍宮尋寶、大鬧天宮等關鍵事件。每個人都有獨一無二的關鍵事件，把這些關鍵事件總結出來，能讓別人更好地認識自己。所以我拋開內心的不願，馬上著手總結成長過程中的關鍵事件和感觸。對我而言，**改變固執的過程既是提高自己相容性的過程，也是成長的過程。**

成長有量變和質變。量變是小成長，是發現自己學到了；質變是大成長，是發現過去的自己很傻。每過一兩年，我就會發現過去的自己很傻，我對此很開心。如果有天我發現好多年過去，我一直都覺得自己挺好，說明我停滯了，那才是真的傻。

❖ 強者總能讓所有人懂得自己

我以前總認為自己格局、視野大，覺得新手問的問題太單純；我一直在大企業工作，覺得小企業的做法太單純；我之前一直做甲方的高階主管，覺得乙方的認知和方法太單純。後來我反思自己的自大。這些其實都代表我的相容性有問題，如果我無法相容，就注定我與不同圈子的人沒有共同語言，也注定我無法觸及某些市場。客戶的需求不會隨我的意志改變，要改變的是我，如果不改變，我的市場會越來越小。

我最早在網路上輸出人力資源管理的知識內容時，只寫自己想寫的。別人能不能看得懂，要看他有沒有和我相同的認知、格局和視野。那時，我就發現自己曲高和寡，但我認為強者沒必要讓所有人都懂自己。我天真地以為，懂的人自然懂，不懂的人不是我的客群。

直到我的第三本書上市，且有較高的銷量後，我才體會到自己的愚昧。新手是學習需求最大的群體，要做知識服務，針對新手做圖書和線上課程才是正確選擇。我的圖書和線上課程之所以受歡迎，正是因為我後來打造的內容主要針對新手。

我針對新手推出一系列圖書和線上課程後，曾聽朋友轉述一個同行對我的評價，大致是我只圍繞新手做知識服務，可見我的水準不高。以前，我聽到這樣的評價一定會生氣，然後想證明自己的水準比對方想像得高。然而，那時我已明白相容性的道理，所以只是微微一笑，隨別人去說吧。

以前講課，我最喜歡聽到的評價是：「任老師，您好厲害！」如今講課，我最喜歡聽到的評價是：「任老師，您講得好清楚！」我做知識服務的最終目的，是讓別人學到知識，是成就別人，而不是讓別人覺得我多厲害。

人一定要懂相容，不然只能孤芳自賞。**向下相容需要格局，平行相容需要視野，向上相容需要智慧。**只要我們願意，一切內容都可以相容。相容性越大，人的可能性就越大。

本章重點整理

- 信念是把雙面刃。相信自己，信念會是你的最佳夥伴；不相信自己，信念會是成長路上的最大敵人。
- 把握自己的原則，在維持個性的前提下，聽取有益建議，讓喜歡你的人更喜歡自己，毋須理會少數人的惡意批評和負能量。
- 不要害怕失敗，失敗或許會變成障礙，但在越過之後，便是成功的終點。
- 擴大相容性，為別人保留犯錯的空間，才能開闊視野，開拓自己更大的可能性。

結語
展開行動是1，知識是後面的0

很多人說：「我之所以不做，是因為不會做。如果知道怎麼做，我當然會做。」這個道理沒錯，但不會做是誰的問題？是父母、社會、國家，還是自己？

要解決不會做的問題，可以拜師、查google、買書……。方法如此多，我們也不笨，只要肯學，解決問題能有多難？之所以不會做，更多時候是因為只是想想，從來沒有落實行動。

舉個例子，小明原本不會游泳，也完全不想學游泳。這時候，若有人對小明說：「只要你在十天內學會游泳，我就給你一千萬元的獎金。」小明是不是很有可能學會游泳呢？

很多人不採取行動，除了因為懶，也因為看不到行動後的價值，不明白成長帶來的巨大價值能夠變現。這種變現是自己給自己的。

我聽過不只一個新鮮人抱怨，剛進入社會不適應，更喜歡學校生活。相信那些學習好、學歷高，進入社會後有較大反差的人，更會有這樣的感受。學校的規則明確，人與人之間的關係比較單純，想在學校裡取得成就，只須遵循簡單的「只要……就……」原則。一個學生基本上只要學習好，其他方面不要太差，就能取得比較大的成就。

但是，社會不是這樣運作，社會上的關係更複雜，規則相對不明確，很多情況並不是付出行動就有收穫。然而，這是不行動的理由嗎？實際上，如果你運用本書介紹的法則，就能讓自己在某個領域內遵循「只要……就……」的原則。

行動不一定有收穫，不行動一定沒收穫。常有人說，若稍微用功，我也能成功。是的，成功者與普通人一樣，他們沒什麼特異功能，很多成功者也不是天才。成功者與普通人的唯一區別，在於對很多事情，成功者堅持去行動，而普通人沒有。一開始成功者走在前面，普通人還能望其項背，久而久之，普通人就望塵莫及。

生活中，我們很多時候不得不面對自己的缺陷和弱點。現實會一次次地提醒，我們不是完美的人，我們需要改變。但是，人容易懶惰，一些人選擇麻痹自己，追求短期的即時滿足，而另一些人選擇改變自己，雖然感到痛苦，會有想放棄的念頭，最後卻能獲得成功。

行動是1，知識是行動後面的0。沒有行動，只有知識，結果只會是0。有了行動，知識越多，價值才會越大。

沒有行動就沒有成長，即使我們懂得很多，也一定要採取行動。

附錄：人生規劃表

詳細使用說明，請見本書 P.28～P.32

規劃面向	第四年	第五年	第六年
財務與理財			
學習與成長			
職業與事業			
生活與休閒			

規劃面向	第一年	第二年	第三年
財務與理財			
學習與成長			
職業與事業			
生活與休閒			

規劃面向	第四年	第五年	第六年
財務與理財			
學習與成長			
職業與事業			
生活與休閒			

規劃面向	第一年	第二年	第三年
財務與理財			
學習與成長			
職業與事業			
生活與休閒			

規劃面向	第＿年	第＿年	第＿年
財務與理財			
學習與成長			
職業與事業			
生活與休閒			

規劃面向	第＿年	第＿年	第＿年
財務與理財			
學習與成長			
職業與事業			
生活與休閒			

國家圖書館出版品預行編目（CIP）資料

競爭力變現：喜馬拉雅最具影響力大腕，告訴你成功不用反人性，一次把事情做對，就能少奮鬥10年！／任康磊著.
--新北市：大樂文化有限公司，2023.11
224面；14.8×21公分.--（Smart；121）
ISBN 978-626-7148-85-3（平裝）
1. 職場成功法
494.35　　112015358

Smart 121

競爭力變現

喜馬拉雅最具影響力大腕，告訴你成功不用反人性，
一次把事情做對，就能少奮鬥10年！

作　　者／任康磊
封面設計／蕭壽佳
內頁排版／思　思
責任編輯／周孟玟
主　　編／皮海屏
發行專員／張紜蓁
發行主任／鄭羽希
財務經理／陳碧蘭
發行經理／高世權
總編輯、總經理／蔡連壽

出 版 者／大樂文化有限公司（優渥誌）
地址：新北市板橋區文化路一段268號18樓之1
電話：（02）2258-3656
傳真：（02）2258-3660
詢問購書相關資訊請洽：（02）2258-3656

香港發行／豐達出版發行有限公司
地址：香港柴灣永泰道70號柴灣工業城2期1805室
電話：852-2172 6513　傳真：852-2172 4355

法律顧問／第一國際法律事務所余淑杏律師
印　　刷／韋懋實業有限公司

出版日期／2023年11月14日
定　　價／280元（缺頁或損毀的書，請寄回更換）
I S B N／978-626-7148-85-3

大樂文化

大樂文化